青少年信息学竞赛

主　编　刘　洪
副主编　杨　娟　徐　勇

清华大学出版社

北　京

内 容 简 介

本书面向零基础的信息学竞赛初学者。全书共 6 章，主要讲解 C++编程语言基础和算法知识。第 1 章 C++语言基础，主要讲解数据类型、变量、常量、数据溢出、数据的输入和输出等；第 2 章程序设计结构，主要讲解顺序、分支和循环 3 大结构；第 3 章数组和字符串，主要讲解 C++的数组基础知识及字符串应用；第 4 章函数和结构体，主要讲解自定义函数的使用、结构体的定义和应用；第 5 章基础算法，主要讲解算法的描述方法，以及入门算法、递推和递归算法、排序算法和数值处理方法；第 6 章进阶算法，主要讲解查找算法中的顺序查找和二分查找，搜索算法中的深度优先搜索和广度优先搜索，贪心策略的应用，动态规划方法的应用。

本书内容通俗易懂，通过详尽的知识点和算法讲解，帮助初学者掌握信息学竞赛的基础知识和常用解题方法，形成编程思维和计算思维。本书可作为师范类院校编程专业的教学用书，也可以作为中小学信息技术领域教师从事编程教学的培训用书和信息学竞赛初学者的入门教材。

图书在版编目(CIP)数据

青少年信息学竞赛 / 刘洪主编. —北京：清华大学出版社，2022.8(2023.7 重印)
ISBN 978-7-302-61270-4

Ⅰ．①青…　Ⅱ．①刘…　Ⅲ．①程序设计－青少年读物　Ⅳ．①TP311.1-49

中国版本图书馆 CIP 数据核字(2022)第 121276 号

责任编辑： 王　定
封面设计： 周晓亮
版式设计： 思创景点
责任校对： 成凤进
责任印制： 丛怀宇

出版发行： 清华大学出版社
　　　　　网　　　址：http://www.tup.com.cn，http://www.wqbook.com
　　　　　地　　　址：北京清华大学学研大厦 A 座　　　　　邮　　编：100084
　　　　　社 总 机：010-83470000　　　　　邮　　购：010-62786544
　　　　　投稿与读者服务：010-62776969，c-service@tup.tsinghua.edu.cn
　　　　　质 量 反 馈：010-62772015，zhiliang@tup.tsinghua.edu.cn
印 装 者： 三河市科茂嘉荣印务有限公司
经　　销： 全国新华书店
开　　本： 185mm×260mm　　**印　张：** 18.25　　**字　数：** 433 千字
版　　次： 2022 年 9 月第 1 版　　**印　次：** 2023 年 7 月第 2 次印刷
定　　价： 69.80 元

产品编号：094718-01

前言

PREFACE

随着科学技术的发展，信息技术与人们的社会生活已经深度融合，物联网、云技术、人工智能等技术给人类社会带来了翻天覆地的变化，同时也带来了严峻的挑战。

信息学竞赛以算法和数据结构为核心，要求学生能运用数学知识构建模型，并采用计算机程序设计语言编写程序来解决实际问题。其主要内容包括计算机基础和编程语言基础、枚举算法、模拟问题求解、递推算法、递归算法、回溯算法、排序算法、高精度数值处理算法、查找算法、搜索算法、贪心策略、动态规划等。

本书面向零基础的信息学竞赛初学者，详尽讲解了程序的运行过程和算法的基础思想，帮助初学者完成从 0 到 1 的过程；以历年信息学竞赛真题为例，帮助初学者提升编程能力，使初学者形成计算思维，培养初学者良好的编程习惯，为后续进阶学习奠定扎实的基础。全书共分为 6 章，第 1 章为 C++语言基础，主要讲解数据类型、变量、常量、数据溢出、数据的输入和输出等；第 2 章为程序设计结构，主要讲解顺序、分支和循环 3 大结构；第 3 章为数组和字符串，主要讲解 C++的数组基础及字符串应用；第 4 章为函数和结构体，主要讲解自定义函数的使用、结构体的定义和应用；第 5 章为基础算法，主要讲解算法的描述方法，以及入门算法、递推和递归算法、排序算法和数值处理方法；第 6 章为进阶算法，主要讲解查找算法中的顺序查找和二分查找，搜索算法中的深度优先搜索和广度优先搜索，贪心策略的应用，动态规划方法的应用。

本书语言通俗，通过详尽的知识点和算法讲解，帮助初学者掌握信息学竞赛的基础知识和常用解题方法。

本书可作为师范类院校编程专业的教学用书，也可以作为中小学信息技术教师从事编程教育的培训用书，以及信息学竞赛初学者的入门教材。

由于编者水平有限，书中难免存在不足之处，敬请各位同行和读者批评、斧正。

本书免费提供教学大纲、教学课件、案例源代码、微课视频及思考练习参考答案，读者可扫下列二维码获取或学习。

教学大纲

教学课件

案例源代码

微课视频

思考练习
参考答案

编　者
2022 年 5 月

C O N T E N T S

第1章　C++语言基础 ………………… 1

1.1　编程语言 ……………………………… 1

　　1.1.1　集成开发环境 ………………… 1

　　1.1.2　C++语言的基本结构 ………… 2

　　1.1.3　调试程序 ……………………… 3

1.2　数据类型和运算 …………………… 4

　　1.2.1　常用数据类型 ………………… 4

　　1.2.2　整数运算 ……………………… 6

　　1.2.3　浮点数运算 …………………… 8

1.3　变量、常量和函数 ………………… 9

　　1.3.1　变量 ……………………………… 9

　　1.3.2　常量 …………………………… 19

　　1.3.3　函数 …………………………… 19

1.4　输入和输出 ………………………… 20

　　1.4.1　标准输入输出流 …………… 20

　　1.4.2　重定向语句 ………………… 21

　　1.4.3　scanf 语句和 printf 语句 … 22

　　1.4.4　快速读取 …………………… 24

　　【思考练习】…………………………… 26

第2章　程序设计结构 …………………… 29

2.1　顺序结构 …………………………… 29

　　2.1.1　数据类型取值范围 ………… 29

　　2.1.2　数据类型强制转换 ………… 31

　　2.1.3　编程实例及技巧 …………… 34

2.2　分支结构 …………………………… 39

　　2.2.1　关系运算符 ………………… 39

　　2.2.2　浮点数的关系运算 ………… 40

　　2.2.3　逻辑运算符和逻辑表
　　　　　达式……………………………… 42

　　2.2.4　if 语句 ………………………… 43

　　2.2.5　if 语句编程实例及技巧 …… 46

　　2.2.6　嵌套分支和多重分支……… 49

　　2.2.7　多重分支编程实例及
　　　　　技巧 …………………………… 51

　　2.2.8　switch-case 语句 …………… 53

2.3　循环结构 …………………………… 55

　　2.3.1　for 语句 ……………………… 55

　　2.3.2　while 语句 …………………… 61

　　2.3.3　do…while 语句 …………… 65

　　2.3.4　循环结构编程实例及
　　　　　技巧 …………………………… 67

2.4　多重循环 …………………………… 73

　　2.4.1　双重循环分析和实例……… 74

　　2.4.2　break 语句和 continue
　　　　　语句 …………………………… 76

　　2.4.3　多重循环实例 ……………… 78

　　【思考练习】…………………………… 82

第3章　数组和字符串 …………………… 87

3.1　一维数值 …………………………… 87

　　3.1.1　数组的声明 ………………… 87

　　3.1.2　数组的初始化 ……………… 89

　　3.1.3　数组应用实例 ……………… 91

3.2　字符数组和字符串 ……………… 101

　　3.2.1　字符信息的读取 …………… 101

　　3.2.2　字符数组和字符串应用
　　　　　实例 …………………………… 106

　　3.2.3　多维数组及应用实例……… 119

　　【思考练习】…………………………… 126

第4章 函数和结构体 ················ 131
  4.1 自定义函数 ·················131
    4.1.1 函数声明 ············131
    4.1.2 函数的参数传递 ···········132
    4.1.3 函数应用实例 ···········134
  4.2 结构体 ··················151
    4.2.1 结构体的定义 ···········151
    4.2.2 结构体的实例 ···········152
    4.2.3 运算符重载 ············155
    4.2.4 运算符重载实例 ··········160
  【思考练习】 ················168
第5章 基础算法 ··············· 171
  5.1 算法描述 ················171
  5.2 入门算法 ················173
    5.2.1 枚举 ···············173
    5.2.2 模拟 ···············183
  5.3 递推和递归 ··············195
    5.3.1 递推 ···············195
    5.3.2 递归 ···············201
    5.3.3 回溯 ···············205

  5.4 排序 ··················219
    5.4.1 冒泡排序 ············219
    5.4.2 选择排序 ············222
    5.4.3 插入排序 ············227
  5.5 数值处理 ···············231
    5.5.1 高精度加法 ··········231
    5.5.2 高精度减法 ··········234
  【思考练习】 ···············236
第6章 进阶算法 ··············· 241
  6.1 查找 ··················241
    6.1.1 顺序查找 ············241
    6.1.2 二分查找 ············244
  6.2 搜索 ··················246
    6.2.1 深度优先搜索 ·········246
    6.2.2 广度优先搜索 ·········250
  6.3 贪心策略和动态规划 ·········253
    6.3.1 贪心策略 ············253
    6.3.2 动态规划 ············259
  【思考练习】 ···············278
参考文献 ··················· 283

第 1 章

C++语言基础

日常生活中的语言让人类可以互相交流信息。人和计算机的交流则通过编程语言实现，常用编程语言有 BASIC、PASCAL、C、C++、Java、Python、PHP、JavaScript 等。目前在信息学竞赛中主要使用的编程语言是 C++。C++语言完全兼容 C 语言，并且 C++语言可以使用 STL（standard template library，标准模板库），可以极大地提高编程效率。此外，大多数的算法竞赛支持使用 C++语言提交代码。

1.1 编程语言

使用编程语言编写的程序在计算机中有两种运行方式，一种方式称为**解释**，就是计算机对程序的指令翻译一句执行一句，Basic 和 Python 都是典型的解释型语言。还有一种方式称为**编译**，计算机将程序的指令一次性全部翻译后，再让计算机执行。C 语言、C++语言都是编译型语言。Java 语言比较特殊，它是先编译为字节码文件，再按照解释方式执行。

1.1.1 集成开发环境

C++语言属于编译型语言，编写的程序需要先编译，再运行。C++语言使用 G++编译器完成编译过程。如果程序代码有修改，则编译器需要对代码重新编译，这个过程在编写调试代码中非常频繁。为了简化代码编辑和编译工作，很多编程语言有对应的编写开发软件工具，这种软件就称为集成开发环境（integrated development environment，IDE）。

本书采用信息学竞赛中使用的 Dev-C++作为 IDE。

注意

编程时输入的所有字符都需要在英文状态下输入，中文输入状态下的分号"；"和英文输入状态下的分号";"是不一样的。

1.1.2　C++语言的基本结构

【例1-1】C++语言的基本结构如下。

```cpp
#include <iostream>
using namespace std;
int main() {
    cout << "Hello,World!" << endl;
    return 0;
}
```

第1行的#include <iostream>称为头文件，用于在当前程序中引用其他程序，第一个单词 include 的含义为包括。根据程序的需要，引入的头文件会有所不同。如果程序需要使用和数学有关的功能，则需要使用#include <cmath>引入数学的头文件。

此外，C++语言可以使用#include <bits/stdc++.h>引入所有的头文件。这个引用也称万能引用。

第2行的 using namespace std;指明程序的命名空间。命名空间用于在编写大型程序时解决名称冲突问题，如四年级1班和2班都有学生叫张三，如果只说四年级的张三，就无法区分这两位学生，具体到班，就可以区别这两位同名的学生了。

using namespace std;表示当前采用的是 std 命名空间。std 是英语 standard 的简写，含义为标准。

第3行的 main()是一个函数，称为主函数，这个函数可以包含很多语句，放在函数后面的{}中。在一个C++程序中 main()函数有且只有一个，它是C++程序的入口。

第4行的 cout << "Hello,World!" << endl;是一个输出语句。作用是将中间双引号中的内容输出到屏幕。

第5行的 return 0;表示主函数会返回一个0，这个0表示程序运行正常。千万不要修改这个0值，其他非0值会导致系统误认为这个程序运行不正常，被认为是运行错误。

注意

每个语句的结束位置，都有一个分号。

在 IDE 中输入这个程序后，选择"运行"→"编译运行"命令，由 IDE 先编译然后运行。运行结果如图1-1所示。

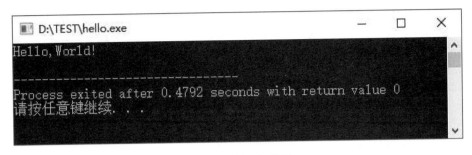

图 1-1　例 1-1 的运行结果

这个窗口的标题 D:\TEST\hello.exe 表示当前这个程序所在的位置。源程序名称 hello.cpp 在目录 D:\TEST 下，IDE 编译后自动生成 hello.exe 文件，窗口中显示的就是可执行文件 hello.exe 的执行结果。

本书后续的程序运行结果都简化为如下所示，省略横线及后面的运行时间和返回值。

```
Hello,World!
```

在 C++语言的书写中，编程者可以加入自己的注释，方便下次阅读时理解，或者给其他编程者提供参考。

C++语言有两种注释方式，一种是在行首添加两个斜杠"//"，还有一种就是以"/*"开头、以"*/"结尾，把整个注释的内容包含在内。

1.1.3　调试程序

C++语言编写后，如果代码中有错误，就需要通过调试寻找并修正错误。例如，在输入过程中，将输出语句 cout 误写为 cont，在运行时就会出现错误提示，如图 1-2 所示。

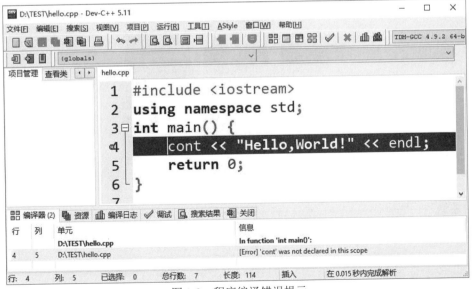

图 1-2　程序编译错误提示

在"编译器"窗口中，显示调试信息提示。其中，[Error]表示有一个错误，后面的内

容 "'cont' was not declared in this scope"，意为 cont 被识别为一个变量名，并提示这个变量名还没有声明。其实，这个 cont 只是输入错误，修改为 cout 后，就可以运行了。

调试程序的过程需要编程者综合分析调试信息和源代码，判断出错的原因并修正源代码。

1.2 数据类型和运算

使用编程语言进行编程时，需要存储各种信息。不同类型的数据在内存的存储空间和存储方式各不相同。

1.2.1 常用数据类型

C++语言中常用的数据类型有布尔型、字符型、整型和浮点型，如图 1-3 所示。

（1）bool，布尔型，存放两种值：true 或 false。

（2）char，字符型，存放一个字符，如'a'。

（3）int、long long 都是整型，可以存放整数，如数字 12。

（4）float、double 和 long double 都是浮点型，其中 float 为单精度浮点型，有效位数为 8 位，如 3.402823；double 为双精度浮点型，有效位数为 16 位，如 1.797693134862318；long double 为高双精度浮点型，有效位数为 18 位。

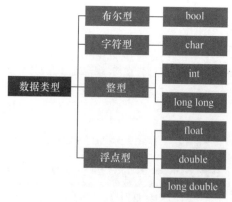

图 1-3　C++语言中常用的数据类型

 注意

在不同的 C++语言编译器中，各数据类型的有效位数略有不同。

【例 1-2】查看常用数据类型占用存储空间的字节数。

```cpp
#include <iostream>
using namespace std;
```

```cpp
int main() {
    cout << "sizeof(bool)=" << sizeof(bool) << endl;
    cout << "sizeof(char)=" << sizeof(char) << endl;
    cout << "sizeof(int)=" << sizeof(int) << endl;
    cout << "sizeof(long long)=" << sizeof(long long) << endl;
    cout << "sizeof(float)=" << sizeof(float) << endl;
    cout << "sizeof(double)=" << sizeof(double) << endl;
    cout << "sizeof(long double)=" << sizeof(long double) << endl;
    return 0;
}
```

运行结果如下：

```
sizeof(bool)=1
sizeof(char)=1
sizeof(int)=4
sizeof(long long)=8
sizeof(float)=4
sizeof(double)=8
sizeof(long double)=16
```

【例 1-3】查看常用数据类型的最大值和最小值。

```cpp
#include<iostream>
#include <limits>
using namespace std;
int main() {
    cout << "bool: 最小值: " << (numeric_limits<bool>::min)() << "\t 最大值: " <<
(numeric_limits<bool>::max)() << endl;
    cout << "char: 最小值: " << (int)(numeric_limits<char>::min)() << "\t 最大值: " <<
(int)(numeric_limits<char>::max)() << endl;
    cout << "int: 最小值: " << (numeric_limits<int>::min)() << "\t 最大值: " <<
(numeric_limits<int>::max)() << endl;
    cout << "long long: 最小值: " << (numeric_limits<long long>::min)() << "\t 最大值:
" << (numeric_limits<long long>::max)() << endl;
    cout << "float: 最小值: " << (numeric_limits<float>::min)() << "\t 最大值: " <<
(numeric_limits<float>::max)() << endl;
    cout << "double: 最小值: " << (numeric_limits<double>::min)() << "\t 最大值: " <<
(numeric_limits<double>::max)() << endl;
    cout << "long double: 最小值: " << (numeric_limits<long double>::min)() << "\t 最
大值: " << (numeric_limits<long double>::max)() << endl;
    return 0;
}
```

运行结果如下：

```
bool: 最小值: 0 最大值: 1
char: 最小值: -128      最大值: 127
int: 最小值: -2147483648      最大值: 2147483647
long long: 最小值: -9223372036854775808 最大值: 9223372036854775807
float: 最小值: 1.17549e-038      最大值: 3.40282e+038
double: 最小值: 2.22507e-308      最大值: 1.79769e+308
long double: 最小值: 3.3621e-4932      最大值: 1.18973e+4932
```

常用数据类型占用存储空间及取值范围如表 1-1 所示，在编程时，需要根据数据的范围选择适合的数据类型。

表 1-1 常用数据类型占用存储空间及取值范围

数据类型	占用存储空间	取值范围
bool	1 字节, 8 位	true 或 false, 也可记为 1 或 0
char	1 字节, 8 位	$-128 \sim 127$, 也可记为 $-2^7 \sim 2^7-1$
int	4 字节, 32 位	$-2147483648 \sim 2147483647$, 也可记为 $-2^{31} \sim 2^{31}-1$
long long	8 字节, 64 位	$-9223372036854775808 \sim 9223372036854775807$ 也可记为 $-2^{63} \sim 2^{63}-1$
float	4 字节, 32 位	$1.17549e-038 \sim 3.40282e+038$
double	8 字节, 64 位	$2.22507e-308 \sim 1.79769e+308$
long double	16 字节, 128 位	$3.3621e-4932 \sim 1.18973e+4932$

例如, 在统计我国全国人口数时, 可以使用 int 数据类型吗?

int 的最大值是 2147483647, 超过了我国现有人口数 (14 亿+), 所以可以使用 int 数据类型统计全国人口数。

再思考, 可以使用 int 数据类型统计全球人口数吗?

截至 2022 年 2 月 16 日, 统计到的全球人口数为 7596934179 人, 这个数字已经超出了 int 数据类型的数据范围, 这时就应该使用 long long 数据类型。

由于 $2147483647=2^{31}-1$, int 数据类型的数据范围也有两种表示方式: $-2147483648 \sim 2147483647$ 或 $-2^{31} \sim 2^{31}-1$。

单精度浮点数 float 的数据范围表示为 $1.17549e-038 \sim 3.40282e+038$, 这种表示方法称为科学计数法, $1.17549e-038$ 意为 1.17549×10^{-38}, $3.40282e+038$ 意为 3.40282×10^{38}。

1.2.2 整数运算

【例 1-4】把 20 支铅笔平均分给 8 位学生, 每人分得几支, 还剩几支?

编写一个程序, 完成计算。每个人分几支, 需要做除法运算, 剩下几支通过求余数可以得到。

```cpp
#include <iostream>
using namespace std;
int main() {
    cout << 20 / 8 << endl;
    cout << 20 % 8 << endl;
    return 0;
}
```

运行结果如下:

```
2
4
```

程序中出现了两个运算符 "/" 和 "%", 分别表示除法运算和模运算。C++语言常用的运算符如表 1-2 所示。

表 1-2　C++语言常用的运算符

运算符	作用	说明	示例
+	加法	加法运算	3+2=5
−	减法	减法运算	8-6=2
*	乘法	乘法运算	6*4=24
/	除法	除法运算	8/2=4
%	模	两个数字除法运算后的余数	9%4=1

　　需要注意的是，运算结果的数据类型和参加运算的数据类型相关，如果两个整数进行除法运算，其结果同样也是整数。

　　所以，第 1 行输出的 2 是 20/8 的数学运算结果 2.5 的整数部分。第 2 行输出的 4 是整除后的余数。

　　程序中的cout是 C++语言的输出语句，这个输出的目标就是系统默认的输出设备（屏幕）。

　　程序中的 endl 的作用是换行，英语的含义是 end of line。

 注意

　　endl 的最后一个字母是单词 line 的第一个字母 l。

　　程序在输出内容时，按如下原则处理：**双引号包含的字符串，原样输出；计算表达式，先计算再输出结果。**

　　要注意 cout 和输出内容之间的符号 "<<"，在输出多个内容时，可以连续书写。

　　【例 1-5】cout 语句的连续输出应用示例。

```
#include <iostream>
using namespace std;
int main() {
    cout << "20 / 8 = " << 20 / 8 << endl;
    cout << "20 % 8 = " << 20 % 8 << endl;
    return 0;
}
```

　　运行结果如下：

```
20 / 8 = 2
20 % 8 = 4
```

　　在计算表达式中，运算符*、/、%的优先级别高于+、−。相同级别的运算符按照从左到右的顺序计算。

　　【例 1-6】运算符的优先级别不同。

```
#include <iostream>
using namespace std;
int main() {
    cout << 9 / 8 * 4 << endl;
    cout << 18 / 3 * 3 << endl;
    cout << 18 / (3 * 3) << endl;
    return 0;
}
```

运算结果如下：

```
4
18
2
```

第 1 行，9/8 的结果虽然有小数部分，但是取整数部分 1 作为结果，所以 9/8*4 的结果是 4。

第 2 行，由于/和*的优先级别相同，所以按照从左到右的顺序依次运算。18/3=6，6*3=18。

第 3 行，由于使用了括号，改变了运算的先后顺序，所以先计算 3*3，然后计算 18/9，结果是 2。

运算符的优先级别总结如下。

（1）先算括号内，再算括号外。

（2）乘、除、模（*、/、%）。

（3）加、减（+、−）。

【例 1-7】 将 8000 秒表示为小时:分钟:秒的形式。

【分析】 1 小时有 60 分钟，1 分钟有 60 秒，所以 1 小时有 60*60=3600 秒。8000/3600 得到的整数就是对应的小时。8000/3600 得到的余数就是分钟和秒部分，将这个余数除以 60，得到的整数就是分钟数，得到的余数就是剩余的秒数。

按上述分析，编程如下。

```cpp
#include <iostream>
using namespace std;
int main() {
    cout << "8000 秒=";
    cout << 8000 / 3600 << "小时";
    cout << 8000 % 3600 / 60 << "分钟";
    cout << 8000 % 3600 % 60 << "秒" << endl;
    return 0;
}
```

运行结果如下：

```
8000 秒=2 小时 13 分钟 20 秒
```

1.2.3 浮点数运算

如果参与运算的数字有小数部分，就需要使用浮点数类型。

【例 1-8】 4 个工人 2 天铺了 60 米的公路，按照这个工作进度，12 个工人 3 天能铺多少米的公路？

【分析】 先求 1 个工人 1 天能铺多少米的公路，即 60/2/4=7.5 米，再求 12 个工人 3 天能完成的工作量：7.5*12*3=270 米。

```cpp
#include <iostream>
using namespace std;
int main() {
    cout << "12 个工人 3 天能铺";
    cout << 60.0/2/4*12*3 << "米";
    return 0;
}
```

在这个程序中，如果把 60.0 写为 60，得到的结果会不一样。

表达式 60.0/2/4*12*3 中，60.0/2 的结果是 30.0，60/2 的结果也是 30。

在第二步计算中：30.0/4 的结果是 7.5，而 30/4 的结果是 7，这就是浮点数运算与整数运算的不同结果。

如果需要限定输出的浮点数小数点后的位数，就需要使用格式化输出功能。

【例 1-9】指定浮点数的显示精度。

```cpp
#include <iostream>
#include <iomanip>
using namespace std;
int main() {
    //默认格式
    cout << "10.0/6.0=" << 10.0 / 6.0 << endl;
    cout << "10.0/5=" << 10.0 / 5 << endl;
    //设置：保留小数点后位数
    cout << fixed << setprecision(2);
    cout << "10.0/6.0=" << 10.0 / 6.0 << endl;
    cout << setprecision(4);
    cout << "1000.0/6.0=" << 1000.0 / 6.0 << endl;
    cout << "10.0/6.0=" << 10.0 / 6.0 << endl;
    return 0;
}
```

运行结果如下：

```
10.0/6.0=1.66667
10.0/5=2
10.0/6.0=1.67
1000.0/6.0=166.6667
10.0/6.0=1.6667
```

程序中的 fixed << setprecision(2) 是格式函数，作用是让后续输出的实数保留小数点后 2 位。再次调整小数点后的保留位数时，只需要调用 setprecision(4) 函数即可。

使用这个功能，需要注意，必须在头文件中引入 #include <iomanip>。

1.3　变量、常量和函数

在编程中存储数据时，需要用到变量和常量，使用变量和常量需要遵循 C++ 编程语言的规定。在处理数据时，可以使用 C++ 语言标准库提供的内置函数，以实现特定功能，简化编码。

1.3.1　变量

程序中常常需要把各种数据保存到计算机的内存中，这时就需要使用变量，用变量表示计算机内存中的存储位置。为了方便理解，可以将变量看作数据的容器。

由于不同的数据类型所需的存储空间大小也不同，不同的数据类型在存储时的存储方式也不一致。所以 C++ 语言要求在声明变量时必须指定变量的数据类型。

【例 1-10】将整数存储到变量，再输出变量值。

```cpp
#include <iostream>
using namespace std;
int main() {
    int a;                  //定义整型变量 a
    a = 12;                 //将整数 12 存入 a 中
    cout << a << endl;      //输出 a 的值
    return 0;
}
```

运行结果如下：

```
12
```

从例 1-10 可以看出，12 可以正常地存储和输出。

在例 1-10 中，如果需要保存的数字过大，会出现什么效果呢？

【例 1-11】将整数 3123456789 存储到变量中，再输出变量的值。

```cpp
#include <iostream>
using namespace std;
int main() {
    int a;
    a = 3123456789;
    cout << a << endl;
    return 0;
}
```

运行结果如下：

```
-1171510507
```

从例 1-11 可以看出，整数 3123456789 没有正常输出，原因是超出了变量 a 的数据类型 int 的取值范围。

变量 a 的数据类型是 int，数据类型 int 在 C++语言中的存储空间是 4 字节，可以存储的数字范围为−2147483648～2147483647。如果存储的整数超出了这个范围，就会发生数据溢出的错误。

在例 1-11 中，只需要将变量 a 的数据类型定义为 long long，就可以避免发生数据溢出错误了。

1. 变量名

为了区分不同的变量，需要为变量取个名称，C++语言变量的命名要遵守以下规则。

（1）变量名只能包含字母（A～Z、a～z）、数字（0～9）或下画线。

（2）变量名不能以数字开头。

（3）变量名不能是 C++语言的关键字。

同时要注意，C++语言的变量名中的字母要区分大小写，也就是说 A 和 a 是两个不同的变量。

【例 1-12】判断以下内容，是否可以作为变量名。

（1）int。

（2）10boy。

（3）my_pen。

（4）us$。

【分析】4个选项中，只有（3）可以作为变量名，而其他选项，（1）int是关键字，（2）10boy以数字开头，（4）us$包含的字符$不可以用于变量命名。

2. 布尔类型变量

C++语言的布尔值只有两种状态，即 true 和 false。但是在实际编程中，可以使用其他值为布尔类型赋值，如表 1-3 所示。

表 1-3　布尔值一览表

真	假
1	0
true	false
非零值（2，−2、1.2）	0

【例 1-13】布尔类型变量。

```cpp
#include<iostream>
using namespace std;
int main() {
    bool a = 0;
    bool b = 1;
    bool c = true;
    bool d = false;
    bool e = 2;
    bool f = -2;
    cout << "a=" << a << endl;
    cout << "b=" << b << endl;
    cout << "c=" << c << endl;
    cout << "d=" << d << endl;
    cout << "e=" << e << endl;
    cout << "f=" << f << endl;
    return 0;
}
```

运行结果如下：

```
a=0
b=1
c=1
d=0
e=1
f=1
```

【分析】

输入数字 0，计算机记录为布尔类型的 false。

输入所有的非 0 数字（包括负数），计算机记录为布尔类型的 true。

布尔类型的 false 输出为 0，布尔类型的 true 输出为 1。

3. 字符类型变量

字符类型在计算机内部存储时，存储字符对应的 ASCII 码值，如字符'A'对应 65，'B'

对应 66，'a'对应 97，'b'对应 98。常用字符的 ASCII 码值及对应的字符如表 1-4 所示。

表 1-4　常用 ASCII 码和字符对应表（节选）

ASCII 码值	字符	ASCII 码值	字符
48	0	49	1
50	2	51	3
52	4	53	5
54	6	55	7
56	8	57	a
65	A	97	a
66	B	98	b
67	C	99	c
68	D	100	d
69	E	101	e
…	…	…	…
88	X	120	x
89	Y	121	y
90	Z	122	z

【例 1-14】字符类型对应的 ASCII 码值。

```cpp
#include <iostream>
using namespace std;
int main() {
    int i;
    char j;
    i = 'a';
    j = 97;
    cout << i << endl;
    cout << j << endl;
    return 0;
}
```

运行结果如下：

```
97
a
```

虽然赋值给变量 i 的是字符'a'，但是输出时，系统按照变量 i 的定义类型（整数）输出。变量 j 也是同理。

4. 基本运算

C++语言中的基本运算分为算术运算、关系运算、逻辑运算和位运算，其中的算术运算符加、减、乘、除、模（+、−、*、/、%）用于数值运算；关系运算符大于、小于、等于、大于等于、小于等于、不等于（>、<、==、>=、<=、!=）用于数据之间的关系判断；逻辑运算符与、或、非（&&、||、!）用于逻辑值的运算；位运算符与、或、非、异或、左移、右移（&、|、~、^、<<、>>）用于二进制运算。

算术运算符计算右侧表达式后，赋值给左侧的变量。

【例 1-15】算术运算符的应用。

```cpp
#include <iostream>
using namespace std;
int main() {
    float x = 7.5;  //定义浮点型变量 x,并给 x 赋值
    float y = 10.6; //定义浮点型变量 y,并给 y 赋值
    float area = x * y; //求面积
    cout << "矩形面积为: " << area << endl;
    return 0;
}
```

运行结果如下:

```
矩形面积为: 79.5
```

赋值运算符可以和常见运算符(+、-、*、/、%)组合成复合赋值,常用复合赋值运算符如表 1-5 所示。

表 1-5　常用复合赋值运算符

简单赋值	复合赋值
a = a + 2;	a += 2;
a = a - 2;	a -= 2;
a = a * 2;	a *= 2;
a = a / 2;	a /= 2;
a = a % 2;	a %= 2;

【例 1-16】复合赋值语句。

```cpp
#include <iostream>
using namespace std;
int main() {
    int a, b;
    a = b = 3;
    a += b;
    cout << a << endl;
    cout << b << endl;
    return 0;
}
```

运行结果如下:

```
6
3
```

关系运算符用于数据之间的关系判断,计算的结果为布尔类型。

【例 1-17】使用关系运算符判断数字大小。

```cpp
#include <iostream>
using namespace std;
int main() {
    int a, b;
    a = 3;
    b = 5;
    cout << "(a<b):" << (a < b) << endl;
    cout << "(a<=b):" << (a <= b) << endl;
    cout << "(a>b):" << (a > b) << endl;
```

```
    cout << "(a>=b):" << (a >= b) << endl;
    cout << "(a==b):" << (a == b) << endl;
    cout << "(a!=b):" << (a != b) << endl;
    return 0;
}
```

运行结果如下：

```
(a<b):1
(a<=b):1
(a>b):0
(a>=b):0
(a==b):0
(a!=b):1
```

逻辑运算与、或、非用于计算逻辑表达式，运算结果是布尔类型。

【例 1-18】使用逻辑运算符计算逻辑表达式。

```
#include <iostream>
using namespace std;
int main() {
    bool a, b;
    a = true;
    b = false;
    cout << "(a&&b):" << (a && b) << endl;
    cout << "(a||b):" << (a || b) << endl;
    cout << "!a:" << !a << endl;
    cout << "!b:" << !b << endl;
    return 0;
}
```

运行结果如下：

```
(a&&b):0
 (a||b):1
!a:0
!b:1
```

位运算与、或、非、异或、左移、右移（&、|、~、^、<<、>>）用于二进制运算。

【例 1-19】使用位运算符进行二进制运算。

```
#include <iostream>
using namespace std;
int main() {
    int a, b;
    a = 5;
    b = 3;
    cout << "(a&b):" << (a & b) << endl;
    cout << "(a|b):" << (a | b) << endl;
    cout << "~a:" << ~a << endl;
    cout << "~b:" << ~b << endl;
    cout << "(a^b):" << (a ^ b) << endl;
    cout << "(a<<b):" << (a << b) << endl;
    cout << "(a>>b):" << (a >> b) << endl;
    return 0;
}
```

运行结果如下：

```
(a&b):1
(a|b):7
```

```
~a:-6
~b:-4
(a^b):6
(a<<b):40
(a>>b):0
```

5. 变量自增和自减

程序运行时，常常需要对数值型变量值加 1 或减 1，这个操作可以通过自增运算符++或自减运算符--完成。

在使用时，要注意自增运算符++或自减运算符--和其他运算符执行的先后顺序。

【例 1-20】自增运算符++。

```cpp
#include <iostream>
using namespace std;
int main() {
    int a = 3, b = 5;
    a++;
    cout << "a= " <<a << endl;
    ++b;
    cout << "b= " << b << endl;
    a = b++;
    cout << "a= " << a << ",b= " << b << endl;
    a = ++b;
    cout << "a= " << a << ",b= " << b << endl;
    return 0;
}
```

运行结果如下：

```
a= 4
b= 6
a= 6,b= 7
a= 8,b= 8
```

在例 1-20 中，a++的作用相当于 a=a+1，++b 相当于 b=b+1。

需要注意的是语句 a=b++，这个语句需要先将变量 b 的值赋给变量 a，再完成变量 b 的自增。

而 a=++b 语句的作用，先完成变量 b 的自增，再将变量 b 的值赋给 a。

【例 1-21】自减运算符--。

```cpp
#include <iostream>
using namespace std;
int main() {
    int a = 3, b = 5;
    a--;
    cout << "a= " << a << endl;
    --b;
    cout << "b= " << b << endl;
    a = b--;
    cout << "a= " << a << ",b= " << b << endl;
    a = --b;
    cout << "a= " << a << ",b= " << b << endl;
    return 0;
}
```

运行结果如下：

```
a= 2
b= 4
a= 4,b= 3
a= 2,b= 2
```

在例 1-21 中，a--和 b--都是自减 1。

a=b--，在自减前先赋值给变量 a；而 a=--b 则相反，先完成自减，再赋值给变量 a。

6. 交换变量值

程序运行时，如果要交换两个变量的值，则需要借助一个临时变量。这个过程类似于两个相同的杯子 A、B，分别装满了不同的饮料，要求将两个杯子的饮料互换。这时需要准备一个空杯子 T，先把 A 中的饮料倒入 T 中，再把 B 中的饮料倒入 A 中，最后把 T 中的饮料倒入 B 中。

【例 1-22】交换变量的值。

```cpp
#include <iostream>
using namespace std;
int main() {
    float a, b, t;
    a = 20.1;
    b = 50.7;
    cout << a << "," << b << endl;
    t = a;
    a = b;
    b = t;
    cout << a << "," << b << endl;
    return 0;
}
```

运行结果如下：

```
20.1,50.7
50.7,20.1
```

7. 数据溢出

程序运行时，需要特别注意数据在运行过程中有可能出现的最大值或最小值。如果有可能超出数据范围，就需要更换数据类型。

【例 1-23】求 2 个整数之和。

```cpp
#include <iostream>
using namespace std;
int main() {
    int a, b, s;
    a = 1545675824;
    b = 1456874589;
    s = a + b;
    cout << s << endl;
    return 0;
}
```

运行结果如下：

-1292416883

【分析】int 整数的范围为–2147483648～2147483647，程序中，变量 a 和变量 b 的和超出了这个范围，造成数据溢出。

【例 1-24】求 2 个整数之和（修改版 1）。

```cpp
#include <iostream>
using namespace std;
int main() {
    int a, b;
    long long s;
    a = 1545675824;
    b = 1456874589;
    s = a + b;
    cout << s << endl;
    return 0;
}
```

运行结果如下：

-1292416883

【分析】虽然先将变量 s 声明为取值范围更大的 long long 类型，但是变量 a 和变量 b 相加后会先得到一个 int 类型的值，这个加法步骤已经发生了数据溢出错误，之后再赋值给变量 s，所以结果依然不正确。

【例 1-25】求 2 个整数之和（修改版 2）。

```cpp
#include <iostream>
using namespace std;
int main() {
    int a, b;
    long long s;
    a = 1545675824;
    b = 1456874589;
    s = (long long)a + (long long)b;
    cout << s << endl;
    return 0;
}
```

运行结果如下：

3002550413

【分析】在发生数据溢出错误的操作之前，先将变量 a 和变量 b 强制转换为 long long 类型，这样变量 a 和变量 b 相加后会得到一个 long long 类型的值，这个值的取值范围不会发生数据溢出错误，再赋值给变量 s，所以最终结果正确。

8. 数据类型转换

在 C++程序运行中，有些数据类型转换是自动完成的，有些情况下需要通过代码来完成。在数据类型转换时要注意避免丢失数据。

【例 1-26】已知三角形的底为 3、高为 5，求三角形的面积。

```cpp
#include <iostream>
using namespace std;
```

```
int main() {
    int a, h;
    float s;
    a = 3;
    h = 5;
    s = a * h / 2;
    cout << s << endl;
    return 0;
}
```

运行结果如下：

```
7
```

这个运行结果明显不正确，因为在运算中，虽然 s 是浮点数，但是在计算 a*h/2 时，由于所有数据都是整数类型，程序会只返回一个整数值，只保留了计算式（a*h/2）的计算结果的整数部分。

正确操作是，在发生丢失小数部分的运算前，先将参与运算的数字强制转换为浮点数。

转换时，不需要全部转换，只需要确保有一个运算的数字是浮点数，其他参与运算的数值会自动转换为对应的数据类型。

【例 1-27】已知三角形的底为 3、高为 5，求三角形的面积（修改版 1）。

```
#include <iostream>
using namespace std;
int main() {
    int a, h;
    float s;
    a = 3;
    h = 5;
    s = a * h / 2.0;
    cout << s << endl;
    return 0;
}
```

运行结果如下：

```
7.5
```

在例 1-27 中，将例 1-26 中的 s=a*h/2;修改为 s=a*h/2.0;，即在除法运算之前，程序自动将 a*h 的结果转换为与 2.0 相同的浮点型，再进行除法运算，结果为浮点型。也可以采用例 1-25 的方法，将第 1 个参与运算的变量 a 强制转换为浮点型（double），后续的运算过程都会以 double 类型为标准，统一数据类型，并完成运算。

【例 1-28】已知三角形的底为 3、高为 5，求三角形的面积（修改版 2）。

```
#include <iostream>
using namespace std;
int main() {
    int a, h;
    float s;
    a = 3;
    h = 5;
    s = (double)a * h / 2;
    cout << s << endl;
    return 0;
}
```

1.3.2　常量

在程序运行过程中，不能改变值的称为常量。常量定义如下：

```
const float PI = 3.14159265;
```

其中，const 是常量说明，float 是类型说明，PI 是常量名，通常使用大写字母定义常量，方便与变量进行区别。

【例 1-29】设置圆周率为常量并参与运算。

```cpp
#include <iostream>
using namespace std;
int main() {
    const double PI = 3.14159265;
    double radius;                  //定义存放半径变量为浮点型
    double area;                    //定义存放面积变量为浮点型
    radius = 7;                     //半径为 7
    area = PI * radius * radius;    //求圆的面积
    cout << "圆面积=" << area << endl; //输出圆的面积
    return 0;
}
```

运行结果如下：

```
圆面积=153.938
```

如果在程序编译中，强行修改常量的值，会发生错误。如图 1-4 所示，如果添加语句 PI=3.14;，则程序编译时会报错。

在"编译器"窗口的提示信息中，Error 表示有错误发生，错误信息"assignment of read-only variable 'PI'"，意为错误原因是"对只读变量 PI 赋值"。

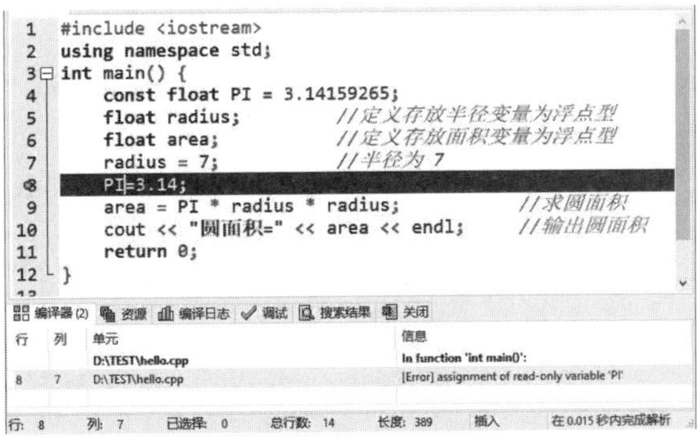

图 1-4　修改常量会导致错误

1.3.3　函数

C++语言的标准数学库中有很多和数学相关的函数，使用前需要先添加头文件引用 #include <cmath>。

【例 1-30】向上取整和向下取整。

```cpp
#include <iostream>
#include <cmath>
using namespace std;
```

```
int main() {
    float x = 3.14;
    cout << ceil(x) << endl;
    cout << floor(x) << endl;
    return 0;
}
```

运行结果如下：

```
4
3
```

【分析】ceil 的含义是天花板，作用是向上取整，3.14 向上取整是 4。floor 的含义是地板，作用是向下取整，3.14 向下取整是 3。

1.4　输入和输出

编程中的输入和输出称为 I/O（input/output）操作。C++语言的所有输入输出都称为数据流，如果流是从设备（如键盘、磁盘驱动器、网络连接等）流向内存，就称为输入操作；如果流是从内存流向设备（如显示屏、打印机、磁盘驱动器、网络连接等），就称为输出操作。

1.4.1　标准输入输出流

在 C++编程中，cin 称为标准输入流，cout 称为标准输出流。cin 处理从标准输入设备（通常是键盘）输入的信息。

【例 1-31】老师准备给信奥班的学生购买一批铅笔，从标准输入设备输入同学人数和每位学生需要的铅笔数量，编程计算需要购买的铅笔总数。

```
#include <iostream>
using namespace std;
int main() {
    int x, y;
    cin >> x >> y;
    cout << x * y << endl;
    return 0;
}
```

运行时输入"40 3"，运行结果如下：

```
40 3
120
```

【分析】程序运行后，光标在命令行窗口中闪动，输入"40 3"，两个数字之间有空格，然后按<Enter>键，程序会输出 120。

在实际程序运行时，也有可能发生输入信息和程序中的需求信息不匹配的情况，如在运行时，输入"40 3 20 6"，观察并分析结果；再重新运行程序，输入"a b"，观察并分析结果。

从不同的输入信息和程序多次运行结果可以看出以下几点。

（1）cin 语句把空格和回车作为分隔符。

（2）cin 语句会忽略多余输入的数据。

（3）如果输入的类型和 cin 语句中的变量类型不匹配，则结果错误。

（4）cin 语句要使用>>符号，和 cout 语句的<<符号的方向相反。

【例 1-32】输入一个小写字母，输出对应的大写字母。

【分析】ASCII 码中，大写字母 A 对应 65，小写字母 a 对应 97，两个字母的差值为 32，将输入的小写字母值减去 32，就可以得到对应的大写字母。

【代码】

```cpp
#include <iostream>
using namespace std;
int main() {
    char c;
    cin >> c;
    c = c - 32;
    cout << c << endl;
    return 0;
}
```

【思考】将上述代码中的"c=c-32;"替换为"c=c-'a'+'A';"，运行结果会变化吗？为什么？

1.4.2　重定向语句

程序运行时如果需要输入信息，程序会等待键盘输入，输出信息会自动发送到屏幕。

除了标准输入输出，C++语言还提供了重定向标准输入输出的功能。

（1）重定向标准输入。

语句 freopen("data.in", "r", stdin);可以将文件 data.in 定义为标准输入流。重定向后，所有需要从键盘读取的信息都可以从文件 data.in 中读取。

（2）重定向标准输出。

语句 freopen("data.out", "w", stdout);可以将文件 data.out 定义为标准输出流。重定向后，所有输出到屏幕的内容会自动写入文件 data.out 中。

在调试过程中，如果调试输入信息过多，使用重定向可以减少调试时的输入时间，让程序自动从文件读取；还可以避免从键盘输入时发生的人为输入错误。

【例 1-33】从文件 data.in 中读取一个小写字母，输出对应的大写字母到文件 data.out 中。

```cpp
#include <iostream>
using namespace std;
int main() {
    freopen("data.in", "r", stdin);
    freopen("data.out", "w", stdout);
    char c;
    cin >> c;
    c = c - 32;
    cout << c << endl;
    return 0;
}
```

程序运行后，运行结果输出到文件 data.out 中，所以屏幕上没有输出大写字母。

运行时输入小写字母 a，输出到文件 data.out 的运行结果是大写字母 A。

【例 1-34】逆向输出数字（数值型处理方法）。

【题目描述】

输入一个不小于 100，且小于 1000，同时包括小数点后一位的一个浮点数。例如，输入 123.4，输出 4.321。

【输入格式】

1 行，1 个浮点数，不小于 100，且小于 1000，同时包括小数点后一位的一个浮点数。

【输出格式】

1 行，逆序输出的浮点数。

【输入样例】

```
123.4
```

【输出样例】

```
4.321
```

【分析】结合使用模运算和除法运算，分离数字的各位置，首先将数字乘以10，将小数变成整数。然后使用模运算取余数，获取各位置上的数字，再反向输出。

```cpp
#include <iostream>
using namespace std;
int main() {
    float n;
    int a, b, c, d, m;
    cin >> n;
    m = n * 10;
    a = m / 1000;
    b = m / 100 % 10;
    c = m / 10 % 10;
    d = m % 10;
    cout << d << "." << c << b << a;
    return 0;
}
```

1.4.3 scanf 语句和 printf 语句

scanf 语句又称格式输入函数，printf 语句又称格式输出函数。在英语中，scan 的含义是扫描，print 的含义是打印。后面的字母 f 是 format 的简写，format 的含义为格式化。

在 C++语言中使用 scanf 和 printf，需要在头文件中添加**#include** <cstdio>。

scanf 语句中的变量前需要添加一个符号"&"，表示取变量的地址。

【例 1-35】输入整数（65～91），输出该 ASCII 码值对应的字符。

【分析 1】如果使用 cin 语句输入整数，则需要通过赋值，将值赋给一个字符类型的变量，再使用 cout 语句输出字符。cout 输出变量时，按照这个变量的定义类型输出。

请比较以下 3 段代码的异同。

【输出 ASCII 码值对应的字符，代码 1】

```cpp
#include <iostream>
using namespace std;
int main() {
    int a;
    char b;
    cin >> a;
    b = a;
    cout << b;
    return 0;
}
```

【输出 ASCII 码值对应的字符，代码 2】，只能输出整数，因为 cout 输出的变量 a 的定义类型是 int。

```cpp
#include <iostream>
using namespace std;
int main() {
    int a;
    cin>>a;
    cout<<a;
    return 0;
}
```

【输出 ASCII 码值对应的字符，代码 3】，只能输出整数的第 1 个数字字符，因为 cout 输出的变量 a 虽然是字符类型，但是 cin 会读取键盘上输入的第 1 个字符，将这个字符赋值给变量 a，并输出。

```cpp
#include <iostream>
using namespace std;
int main() {
    char a;
    cin>>a;
    cout<<a;
    return 0;
}
```

【分析 2】使用 scanf 语句输入，使用 printf 语句输出，格式字符%d 指定输入为整数，通过格式字符%c 指定输出时，按字符类型输出。程序中只需要一个变量即可。变量 a 的声明使用 char 或 int 都可以。

```cpp
#include <iostream>
#include <cstdio>
using namespace std;
int main() {
    char a;
    scanf("%d", &a);
    printf("%c", a);
    return 0;
}
```

【例 1-36】输入浮点数，输出时小数点后保留两位小数。

【分析】使用 printf 语句输出时，可以通过格式字符控制小数点后的位数。%.2f 表示小数点后保留 2 位。%9.3f 表示总共占 9 个字符位置，小数点后保留 3 位。输出格式函数中常用的格式字符及其含义如表 1-6 所示。

```
#include <iostream>
#include <cstdio>
using namespace std;
int main() {
    float a;
    scanf("%f", &a);
    printf("%.2f", a);
    printf("%9.3f", a);
    return 0;
}
```

运行结果如下：

```
1.2345
1.23    1.235
```

【说明】输入 1.2345；第 1 个输出保留小数点后 2 位，第 2 个输出保留小数点后 3 位，总共占位 9 位，前面补充 4 个空格。

表 1-6 输出格式函数中常用的格式字符及其含义

格式字符	含义
%d	十进制
%f、%lf	浮点数/双精度浮点数
%c	字符
%s	字符串

1.4.4 快速读取

C++语言中常用的读取方式是 cin 语句，如果要获取更快的读取速度可以使用 scanf 读入语句，特别在读取数据量比较大时更加明显。

【例 1-37】通过文件读取较大数据。

【分析】在语句 freopen("data.in", "r", stdin)中，freopen 语句重定向标准输入，使用文件作为标准输入。以下使用包含 10000000 个整数的测试文件 data.in 测试不同输入方式的区别。

制作包含 10000000 个整数的测试文件 data.in 的运行代码时，会自动生成一个包含 10000000 个随机整数的 data.in 文件。

```
#include <iostream>
#include <cstdlib>
#include <ctime>
using namespace std;
int main() {
    freopen("data.in", "w", stdout);
    srand(time(0));
    for (int i = 0; i < 10000000; i++) {
        cout << rand() << " ";
    }
    return 0;
}
```

【代码 1，通过 cin 语句读取】

```
#include <iostream>
#include <cstdio>
```

```cpp
using namespace std;
int main() {
    int n;
    freopen("data.in", "r", stdin);
    for (int i = 1; i <= 10000000; i++) {
        cin >> n;
    }
    return 0;
}
```

运行程序后，在结果中可以看到整个运行时间如下：

```
Process exited after 7.772 seconds with return value 0
```

▶ **注意**

在不同软硬件环境的计算机中，程序运行时间会不同，即使是同一台计算机，每次的运行时间也略有差异。

【代码2，通过scanf语句读取】

```cpp
#include <iostream>
#include <cstdio>
using namespace std;
int main() {
    int n;
    freopen("data.in", "r", stdin);
    for (int i = 1; i <= 10000000; i++) {
        scanf("%d", &n);
    }
    return 0;
}
```

运行程序后，在结果中可以看到整个运行时间如下：

```
Process exited after 6.477 seconds with return value 0
```

此外，还可以通过关闭同步的方式加快cin的读入速度，需要在程序开始加上以下语句：

```cpp
ios::sync_with_stdio(false);
```

需要注意，使用此功能后，就不可以再使用scanf输入数据了。

【代码3，通过关闭同步的方式加快cin的读取速度】

```cpp
#include <iostream>
#include <cstdio>
using namespace std;
int main() {
    ios::sync_with_stdio(false);
    int n;
    freopen("data.in", "r", stdin);
    for (int i = 1; i <= 10000000; i++) {
        cin >> n;
    }
    return 0;
}
```

运行程序后，在结果中可以看到整个运行时间如下：

```
Process exited after 2.612 seconds with return value 0
```

【代码 4，快速读取】通过 getchar() 实现读取，每次读取一个字符，需要编程处理读取的字符，如果连续读取到数字字符，则需要组合为较大的数字。具体实现过程如下。

```cpp
#include <iostream>
#include <cstdio>
using namespace std;
int read() {
    int f = 1;
    int x = 0;
    char c = getchar();
    while (!isdigit(c)) {
        if (c == '-')
            f = -1;
        c = getchar();
    }
    while (isdigit(c)) {
        x = x * 10 + c - '0';
        c = getchar();
    }
    return x * f;
}
int main() {
    int n;
    freopen("data.in", "r", stdin);
    for (int i = 1; i <= 10000000; i++) {
        n = read();
    }
    return 0;
}
```

运行程序后，在结果中可以看到整个运行时间如下：

```
Process exited after 2.206 seconds with return value 0
```

【总结】以上 4 种读取方式都是从文件中读取 10000000 个数字，虽然每次的运行时间略有差异，多测试几次可以发现代码 1 耗费的时间最多，代码 4 耗费的时间最少。

【思考练习】

习题 1-1：按题意编程输出

车厘子成熟后需要及时安排工人采摘果实。去年，小明家有 765 棵果树，请了 12 名工人，耗时 5 天才完成采摘。今年，小明家又新种植了 1377 棵果树，假设每棵果树的结果量都和去年的结果量相当，今年由于天气原因，需要在 4 天内完成采摘任务，请问需要请多少名工人？

习题 1-2：按题意编程输出

小明和小红的跑步速度分别为 2.7 米/秒和 1.8 米/秒，小红在操场环形跑道上跑步半分钟之后小明才开始跑步，请问小明多少秒后可以超过小红？

习题 1-3：按题意编程输出

某电商网站 1 天有 3000 万~4000 万订单，技术人员在给订单编号时准备使用数据类型 int，从 1 开始依次给订单编号（订单号必须是正整数）。这种订单编号方案是否可行？如果按 1 天 4000 万订单计算，这种订单方案使用多少天会出现问题？

习题 1-4：请写出下面代码的运行结果

```cpp
#include <iostream>
using namespace std;
int main() {
    int a = 5, b = 6;
    cout << a++ + ++a << endl;
    cout << b-- - --b << endl;
    return 0;
}
```

读书笔记

第2章

程序设计结构

程序设计中的 3 大基本结构，分别是顺序结构、分支结构和循环结构。各种复杂的算法归根结底都需要通过这 3 种基本结构的代码来实现。本章通过大量的问题实例对比，演示 3 种基本结构。

2.1 顺序结构

顺序结构的特点是，程序从头到尾，一次执行，并且只执行 1 次，执行至程序结束为止。

2.1.1 数据类型取值范围

在设计程序时，要注意解决问题的条件，针对不同的条件，选择最符合需求的数据类型。

【例 2-1】数据类型取值范围的极限思维。

【题目描述】

求两个整数的和。

【输入格式】

1 行，两个使用空格分隔的整数 a 和 b。

【输出格式】

1 行，两个整数 a 和 b 的和。

【输入样例】

3 4

【输出样例】

7

【数据规模及约定】

整数 a 和 b 的取值范围，$-2^{31} \le a \le 2^{31}-1$，$-2^{31} \le b \le 2^{31}-1$。

【分析】

题目中的 a 和 b 都是整数，取值范围都是 int 整型的取值范围，最容易想到的解决方案就是定义 a 和 b 为 int 类型，编写代码如下。

【数据类型取值范围的极限思维，beta1】

```cpp
#include<bits/stdc++.h>
using namespace std;
int main() {
    int a,b;
    cin >> a >> b;
    cout << a+b;
    return 0;
}
```

在 beta1 版本代码中，使用极限思维方法验证如下：假设 a 和 b 都取最小值 -2^{31}（-2147483648），则 a+b 的值应该是 $-2^{31}-2^{31}=-2^{31}*2=-4294967296$，这个值已经超出了 int 的取值范围。但是在计算 a+b 时，由于 a 和 b 都是 int 类型，其计算结果也是 int 类型，在 int 类型中存储超出 int 取值范围的数字 -4294967296 时，必然会发生数据溢出错误。

运行时输入"-2147483648 -2147483648"，运行结果如下：

```
-2147483648 -2147483648
0
```

在运行结果中，第 1 行的两个数字 -2147483648 -2147483648 是由键盘输入的内容，第 2 行是程序输出的计算结果。明显这个结果与预期的 -4294967296 并不一致。

再次使用极限思维方式验证最大值：假设 a 和 b 都取最大值 $2^{31}-1$（2147483647），则 a+b 的值应该是 $2^{31}+2^{31}-2=2^{31}*2-2=4294967294$，这个值也超出了 int 的取值范围。同样，由于在计算 a+b 时，a 和 b 都是 int 类型，其计算结果也是 int 类型，在 int 类型中存储超出 int 取值范围的数字 4294967294 时，必然会发生数据溢出错误。

运行时输入"2147483647 2147483647"，运行结果如下：

```
2147483647 2147483647
-2
```

综上所述，变量 a 和变量 b 不能定义为 int 类型，而应该定义为取值范围比 int 更大的 long long 类型，调整后的代码如下。

【数据类型取值范围的极限思维，beta2】

```cpp
#include<bits/stdc++.h>
using namespace std;
int main() {
    long long a,b;
    cin >> a >> b;
    cout << a+b;
    return 0;
}
```

运行时输入"-2147483648 -2147483648"，运行结果如下：

```
-2147483648 -2147483648
-4294967296
```

运行时输入"2147483647　2147483647"，运行结果如下：

```
2147483647 2147483647
4294967294
```

2.1.2　数据类型强制转换

程序中会使用到各种类型的数据，时常需要按照问题需求进行数据类型转换。

【例 2-2】求梯形的面积。

【题目描述】

已知梯形的上底、下底和高的数据，求梯形的面积。

【输入格式】

1 行，3 个使用空格分隔的整数 a、b、c。

【输出格式】

1 行，梯形的面积，保留小数点后 2 位数字。

【输入样例】

```
3 4 5
```

【输出样例】

```
17.5
```

【数据规模及约定】

对于所有数据，$1 \leqslant a,b,c \leqslant 2^{31}-1$。

【分析】

梯形的面积=（上底+下底）×高÷2，按照这个公式，编写代码如下。

【求梯形的面积，beta1】

```cpp
#include<bits/stdc++.h>
using namespace std;
int main() {
    int a,b,c;
    int s;
    cin >> a >> b >> c;
    s=(a+b)*c/2;
    cout<<fixed<<setprecision(2)<<s;
    return 0;
}
```

在 beta1 版本代码中，使用极限思维方法，假设 a、b、c 同时取最小值 1，面积应该是 1.00。假设 a、b、c 同时取最大值 $2^{31}-1$（2147483647），则面积应该是 4611686014132420608.00。

运行时输入"1 1 1"，运行结果如下：

```
1 1 1
1
```

运行时输入"2147483647　2147483647　2147483647"，运行结果如下：

```
2147483647 2147483647 2147483647
1
```

beta1 版本代码的运行结果中存在以下问题：①数据溢出；②输出内容没有按照题目要求保留小数点后 2 位小数。

为了解决上述两个问题，需要将面积变量 s 调整为 double 类型，因为 double 类型的取值范围比 int 类型的取值范围大，还可以保留小数点后面的数字。

【求梯的形面积，beta2】

```
#include<bits/stdc++.h>
using namespace std;
int main() {
    int a,b,c;
    double s;
    cin >> a >> b >> c;
    s=(a+b)*c/2;
    cout<<fixed<<setprecision(2)<<s;
    return 0;
}
```

运行时输入"1 1 1"，运行结果如下：

```
1 1 1
1.00
```

运行时输入"2147483647 2147483647 2147483647"，运行结果如下：

```
2147483647 2147483647 2147483647
1.00
```

在 beta2 版本代码中，最大值的测试依然没有通过。这个问题出现在语句 s=(a+b)*c/2; 中，在计算 a+b 时，由于 a 和 b 都是 int 类型，其加法运算的结算也是 int 类型，这个步骤会发生数据溢出错误。

为了解决这个问题，在计算 a+b 之前，先将变量 a 强制转换为 double 类型，这样 a+b 的计算结果就是 double 类型。后续的计算都会以 double 为数据类型完成自动类型转换。

【求梯形的面积，beta3】

```
#include<bits/stdc++.h>
using namespace std;
int main() {
    int a,b,c;
    double s;
    cin >> a >> b >> c;
    s=((double)a+b)*c/2;
    cout<<fixed<<setprecision(2)<<s;
    return 0;
}
```

运行时输入"1 1 1"，运行结果如下：

```
1 1 1
1.00
```

运行时输入"2147483647 2147483647 2147483647"，运行结果如下：

```
2147483647 2147483647 2147483647
4611686014132420608.00
```

> ▶ **注意**
>
> beta3 版本代码中的输出保留小数点后 2 位，可以使用 cout<<fixed<<setprecision(2)<<s;进行输出，也可以使用 printf("%.2lf",s);进行输出。

【例 2-3】 大象喝水。

【题目描述】

动物园里的大象口渴了，要喝 20 升水才能解渴，饲养员使用一个深 h 厘米、底面边长为 a 厘米的矩形桶（h 和 a 都是整数）给大象喂水。问大象至少要喝多少桶水才会解渴？

【输入格式】

1 行，包括两个整数，使用一个空格分隔，分别表示桶的深 h 和底面边长 a，单位都是厘米。

【输出格式】

1 行，包括一个整数，表示大象至少要喝水的桶数。

【输入样例】

23 11

【输出样例】

8

【数据范围】

$10 \leqslant h, a \leqslant 50$。

【分析】

升是容积单位，1 升=1 立方分米=1000 立方厘米。题目中给的 h 和 a 都是厘米，求出 1 桶的升数后，再计算需要的桶数，计算时使用向上取整函数（ceil 函数）向上取整。

样例数据中，桶高度为 23 厘米，桶的底面边长为 11 厘米，按这个数据计算如下。

桶的体积=桶的底面积×桶的高度

$\qquad$ =a×a×h

$\qquad$ =11×11×23

$\qquad$ =2783 立方厘米

大象需要喝 20 升=20000 毫升=20000 立方厘米。

需要的桶数为，20000÷2783≈7.19。

由于桶数是整数，大象喝水的桶数是大于 7.19 的第 1 个整数（向上取整），即桶数=8。

【大象喝水】

```cpp
#include <iostream>
#include <cmath>
using namespace std;
int main() {
    int h, a;
    cin >> h >> a;
    cout << ceil(20.0 * 1000 / (h * a * a));
    return 0;
}
```

> **注意**
>
> 在上述代码中，使用 20.0 的目的是在表达式中使用浮点数类型进行计算，程序会自动将整型数据转化为浮点型数据完成计算，最后能得到准确的浮点型数据 7.19，使用 ceil 函数，其结果可以得到正确的桶数 8。
>
> 如果计算表达式为 20 * 1000 / (h * a * a)，由于表达式中全部是整数，结果也是整数，结果为 7，即使使用 ceil 函数，其结果也为 7。

要使用 ceil 函数，必须引入 cmath 头文件。

2.1.3 编程实例及技巧

在程序运行时，输入内容自动按变量类型转换为数值型或字符型，在第 1 章的例 1-34 中，将输入的内容作为数值型（浮点型）处理，通过计算分离各位置的数字。换个思路，这个题目还可以将整个输入作为字符进行处理，也可以解决问题。

【例 2-4】逆向输出数字（字符型处理方法）。

【题目描述】

输入一个不小于 100，且小于 1000，同时包括小数点后一位的一个浮点数。例如，输入 123.4，输出 4.321。

【输入格式】

1 行，1 个浮点数，不小于 100，且小于 1000，同时包括小数点后一位的一个浮点数。

【输出格式】

1 行，逆序输出的浮点数。

【输入样例】

```
123.4
```

【输出样例】

```
4.321
```

【分析】在 cin 输入语句中，char 类型变量一次只接收一个字符，使用 5 个字符变量就可以接收全部字符（包括小数点），然后逆序输出。

```cpp
#include <iostream>
using namespace std;
int main() {
    char a, b, c, d, dot;
    cin >> a >> b >> c >> dot >> d;
    cout << d << dot << c << b << a;
    return 0;
}
```

【例 2-5】小明的跑步时间。

【题目描述】

奥运会要到了，小明拼命练习长跑，争取参加奥运会马拉松比赛。

　　小明给自己的跑步时间做了精确的计时（计时都按 24 小时制记录），他发现自己从 a 时 b 分一直跑到当天的 c 时 d 分，请你帮小明计算，他这天一共跑了多少时间。

　　为了让小明及时准确地掌握自己的成绩，请你编程帮助小明完成计算。

【输入格式】

1 行，包括 4 个整数，分别表示 a、b、c、d。

【输出格式】

1 行，包括 2 个整数 e 和 f，使用空格分隔，依次表示小明这天一共跑了多少小时多少分钟。其中，表示分钟的整数 f 应该小于 60。

【输入样例】

```
13 50 17 15
```

【输出样例】

```
3 25
```

【说明/提示】

对于全部测试数据，0≤a,c≤24，0≤b,d≤60，且结束时间一定晚于开始时间。

【分析】

将开始时间和结束时间都转换为当天 0 时 0 分开始后的分钟数。

样例中：

开始时间 13:50→13×60+50=830。

结束时间 17:15→17×60+15=1035。

直接相减得到小明跑步的分钟数，即 1035-830=205。

再将分钟数转换为小时分钟的表示，并输出：

```
205/60=3
205%60=25
```

【小明的跑步时间】

```cpp
#include <iostream>
using namespace std;
int main() {
    int a, b, c, d;
    int begin, end, span;
    freopen("1.in", "r", stdin);
    cin >> a >> b >> c >> d;
    begin = a * 60 + b;
    end = c * 60 + d;
    span = end - begin;
    cout << span / 60 << " " << span % 60;
    return 0;
}
```

【说明】

为了测试方便，把输入数据放在一个文本文件中，如 1.in 中。其内容如下：

```
13 50 17 15
```

使用记事本编辑后保存。在调试时使用重定向语句，从文件中读取数据，不再使用键盘输入测试数据，特别是当调试次数较多时，能节省大量的时间。

【例2-6】 避免上班迟到。

【题目描述】

刘备要求员工早上8点前到达公司，完成打卡。诸葛亮就在刘备的公司上班，诸葛亮从家走到公司一共要走 s（s≤1000）米，诸葛亮以 v（v<100）米/分钟的速度匀速走到公司。此外，在上班途中，诸葛亮还要额外花5分钟的时间观察天象，花3分钟的时间买早餐。请问为了避免上班迟到，诸葛亮最晚什么时候出门？

输出 hh:mm 的时间格式，不足两位时补零。

【输入格式】

1行，两个正整数 s 和 v，分别是诸葛亮从家走公司的距离（单位是米），诸葛亮的行走速度（单位是米/分钟）。

【输出格式】

1行，hh:mm 表示最晚离开家的时间（时:分，必须输出两位，不足两位的在前面补0）。

【输入样例】

```
100 99
```

【输出样例】

```
07:50
```

【数据说明】

如果家到公司的距离较远，诸葛亮可能需要提前较长的时间出发。但是所有数据都保证诸葛亮不会提前超过当日的凌晨0点。

【分析】

题目中已经给出了路程和速度，路程/速度就可以得到走路的时间，这个时间如果出现小数，应当向上取整，如1分1秒，按分钟计算是2分钟。加上途中额外花费的时间，就是诸葛亮从家到公司要花费的总时间。

在数据说明部分已经明确说明，所有数据都保证诸葛亮不会提前至超过当日的凌晨0点出发，不妨以当日的凌晨0点0分为计算时间的起点，以上班打卡的时间早8点为时间终点，这个时间段就是诸葛亮可以使用的时间，再减去诸葛亮花费的总时间，就是诸葛亮出发的时间点。

以样例数据为例：诸葛亮走路的时间为100/99=1.01分钟，加上途中额外花费的时间8分钟，诸葛亮花费的总时间是10分钟（虽然1.01+8=9.01，但9分钟走不到公司，需要向上取整为10分钟。）

从当日的凌晨0点0分到早上8点，总分钟数是480分钟，减去花费的10分钟后，得到470分钟。其含义为，诸葛亮出门的时间为凌晨0点0分之后的470分钟。因为470/60=7，470%60=50，折算为小时分钟后显示为07：50。

【避免上班迟到】

```cpp
#include <iostream>
#include <cmath>
#include <cstdio>
```

```
using namespace std;
int main() {
    int s, v;
    cin >> s >> v;
    int t1 = ceil(s * 1.0 / v) + 8;
    int t2 = 60 * 8 - t1;
    int h = t2 / 60;
    int m = t2 % 60;
    printf("%02d:%02d", h, m);
    return 0;
}
```

【说明】

输出语句 printf("%02d:%02d", h, m); 设定按两位输出，如果不足两位的，在左侧添加 0。

【例 2-7】计算线段的长度。

【题目描述】

已知线段的两个端点的坐标 A（Xa,Ya）和 B（Xb, Yb），求线段 AB 的长度，保留到小数点后 3 位。

【输入格式】

2 行，第一行是两个实数 Xa 和 Ya，即 A 的坐标；第二行是两个实数 Xb 和 Yb，即 B 的坐标。输入的所有实数的绝对值均不超过 10000。

【输出格式】

1 行，一个实数，即线段 AB 的长度，保留小数点后 3 位数字。

【输入样例】

```
1 1
2 2
```

【输出样例】

```
1.414
```

【分析】

两点之间的坐标与距离之间的关系，如图 2-1 所示，线段 AB 的长度转换为 A 点和 B 点的坐标对应的直角三角形的斜边，通过计算公式 $\sqrt{(Xa-Xb)^2+(Ya-Yb)^2}$ 计算线段的长度。

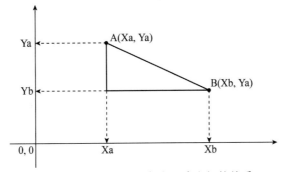

图 2-1　两点之间的坐标与距离之间的关系

【计算线段的长度】

```
#include <iostream>
```

```
#include <cmath>
#include <cstdio>
using namespace std;
int main() {
    double Xa, Ya, Xb, Yb;
    double ans;
    cin >> Xa >> Ya >> Xb >> Yb;
    ans = sqrt((Xa - Xb) * (Xa - Xb) + (Ya - Yb) * (Ya - Yb));
    printf("%.3lf", ans);
    return 0;
}
```

【例 2-8】使用海伦公式计算三角形的面积。

【题目描述】

使用海伦公式计算三角形的面积的过程：设三角形的 3 个边长分别是 a、b、c，那么它的面积为 $\sqrt{p(p-a)(p-b)(p-c)}$，其中 $p=(a+b+c)/2$。

输入 3 个边长，计算三角形的面积。

【输入格式】

1 行，使用空格分隔的 3 个数字，依次对应三角形的 3 个边长，可以是浮点数，也可以是整数。

【输出格式】

1 行，三角形的面积，四舍五入精确到小数点后 4 位。

【输入样例】

```
3.1 4.1 5.1
```

【输出样例】

```
6.3542
```

【数据说明】

所有数据都可以构成三角形，并且 $0 \leqslant a,b,c \leqslant 1000$，边长的值最多有 2 位小数。

【分析】

输入、输出的数据都是实数，使用 double 类型或 float 类型都可以，先计算半周长，再按海伦公式计算面积，输出时，使用格式字符控制小数点后的位数。

【使用海伦公式计算三角形的面积】

```
#include <iostream>
#include <cmath>
#include <cstdio>
using namespace std;
int main() {
    double a, b, c;
    cin >> a >> b >> c;
    double p = (a + b + c) / 2;
    double area = sqrt(p * (p - a) * (p - b) * (p - c));
    printf("%.4lf", area);
    return 0;
}
```

【代码说明】

代码中的 "printf("%.4lf", area);" 可以替换为 "cout << fixed << setprecision(4) << area;"。

替换时，要求引入头文件 iomanip（#include <iomanip>）。

2.2 分支结构

厨房的电饭煲按照预定程序完成煮饭后，自动停止；夏天空调设定为 25℃，当室温高于 25℃时，空调就会自动运行并降温。日常生活中有很多类似的例子。计算机程序中的分支结构也是如此，设定好判断条件后，程序按条件判断，根据判断的结果选择不同的分支语句继续执行。

2.2.1 关系运算符

在 C++语言中，关系运算符常用于数值类型（整数或浮点数）的比较，常用的 6 种关系运算符如表 2-1 所示。

表 2-1　6 种关系运算符

等于	不等于	大于	小于	大于等于	小于等于
==	!=	>	<	>=	<=

关系运算的结果有两种状态，即 true 和 false。在 C++语言中，也使用 0 表示假（false），非 0 表示真（true）。

在这些关系运算符中要特别注意，判断两个数字是否相等，是两个等号。

【例 2-9】关系运算符演示。

```cpp
#include <iostream>
using namespace std;
int main() {
    int a = 5, b = 6;
    cout << (a == b) << ", ";
    cout << (a != b) << ", ";
    cout << (a > b) << ", ";
    cout << (a >= b) << ", ";
    cout << (a < b) << ", ";
    cout << (a <= b) << ", ";
    return 0;
}
```

运行结果如下：

```
0, 1, 0, 0, 1, 1,
```

【例 2-10】关系运算符的优先级别演示。

关系运算符的优先级别小于算术运算符，请分析以下代码的运行结果。

```cpp
#include <iostream>
using namespace std;
int main() {
    int a = 5, b = 6, c = 7, d = 8;
```

```
    cout << (a + b < c + d) << ", ";
    cout << (a + (b < c) + d);
    return 0;
}
```

运行结果如下：

```
1, 14
```

第 1 行的输出内容是 1，因为，先计算 a+b 和 c+d，再比较两个计算结果的大小，就是 11<15 是否成立，条件 11<15 成立，所以输出 1

第 2 行的输出内容是 14，先计算括号中的 b<c，条件 b<c 成立，结果是 1，再计算 a+1+d 就是 5+1+8，结果是 14。

2.2.2 浮点数的关系运算

在 float 类型浮点数之间作关系运算时，由于浮点数在计算机内部的存储特点，只能保证 8 位有效数字。当两个浮点数的差别出现在有效数字之后时，比较两个浮点数的关系就没有意义了。

【例 2-11】浮点型 float 的有效数字范围为 8。

```
#include<iostream>
using namespace std;
int main() {
    float a = 10.222223f;
    float b = 10.222224f;
    cout << "(a < b)=" << (a < b) << endl;
    cout << "(a == b)=" << (a == b) << endl;
    cout << "(a > b)=" << (a > b) << endl;
    return 0;
}
```

运行结果如下：

```
(a < b)=1
(a == b)=0
(a > b)=0
```

在例 2-11 中，两个浮点型 float 类型的数字，差别出现在有效位数之内，所以关系运算符可以正常比较两个数字的大小关系。

【例 2-12】超出浮点型 float 的有效数字范围。

将差别推后一位，从最左边开始，差别出现在第 9 位。

```
#include<iostream>
using namespace std;
int main() {
    float a = 10.2222223f;
    float b = 10.2222224f;
    cout << "(a < b)=" << (a < b) << endl;
    cout << "(a == b)=" << (a == b) << endl;
    cout << "(a > b)=" << (a > b) << endl;
    return 0;
}
```

运行结果如下：

```
(a < b)=0
(a == b)=1
(a > b)=0
```

数据类型为 float 浮点型，差别出现在第 9 位，从结果可以看出，关系运算符已经不能判断浮点数的大小关系了。

▷ **注意**

有效位数是从数字的最高位（最左侧）计算，不是从小数点开始计算。请按这个规则说明例 2-13 的运行结果。

【**例 2-13**】浮点型 float 类型的有效数字从最左侧计算。

```cpp
#include<iostream>
using namespace std;
int main() {
    float a = 12345678.8f;
    float b = 12345678.9f;
    cout << "(a < b)=" << (a < b) << endl;
    cout << "(a == b)=" << (a == b) << endl;
    cout << "(a > b)=" << (a > b) << endl;
    return 0;
}
```

运行结果如下：

```
(a < b)=0
(a == b)=1
(a > b)=0
```

例 2-13 中，变量 a 和 b 的差别出现在小数点后 1 位，按有效位数计，差别是有效位数的第 9 位，程序判断结果变量 a 和变量 b 相等。由此可知，有效位数与小数点无关。

如果变量定义为 double 类型，最大可以检测的有效位数为 16 位。

【**例 2-14**】浮点型 double 类型的有效数字位数为 16 位。

```cpp
#include <iostream>
using namespace std;
int main() {
    double a = 10.1234567890123341d;
    double b = 10.1234567890123342d;
    cout << "(a < b)=" << (a < b) << endl;
    cout << "(a == b)=" << (a == b) << endl;
    cout << "(a > b)=" << (a > b) << endl;
    return 0;
}
```

运行结果如下：

```
(a < b)=1
(a == b)=0
(a > b)=0
```

【例 2-15】浮点型数字的存储结构。

```
#include<iostream>
using namespace std;
int main() {
    double a = 10.000000000000000001d;
    double b = 9.9999999999999999999d;
    cout << "(a < b)=" << (a < b) << endl;
    cout << "(a == b)=" << (a == b) << endl;
    cout << "(a > b)=" << (a > b) << endl;
    return 0;
}
```

运行结果如下：

```
(a < b)=0
(a == b)=1
(a > b)=0
```

在例 2-15 的代码中，变量 a 和变量 b 明显不一样，但是由于浮点数在存储时的特点，对应的内容没有差别，比较的结果显示这两个数字是一样的。

由于浮点数的这一特性，在程序中如果能避免，就尽量避免直接判断浮点数的大小，如果不能避免，则可以采取判断两个浮点数的差值的绝对值是否小于 0.000001（科学记数法表示为 1E-6）的方法进行判断，如果差值小于这个范围，则可以近似认为两个浮点数相等。

2.2.3　逻辑运算符和逻辑表达式

常用逻辑运算方法有 3 种（与、或、非），C++语言使用表 2-2 中的运算符实现这 3 种逻辑运算。

表 2-2　3 个逻辑运算符

逻辑运算方法	符号	说明
与	&&	判断两个条件是否同时成立
或	||	判断两个条件是否至少有一个条件成立
非	!	得到指定条件的相反条件

在 3 种逻辑运算中，逻辑"与"和逻辑"或"运算都属于"两目"运算，即两个逻辑值参与运算。逻辑"非"属于"单目"运算，即只有一个逻辑值参与运算。如表 2-3～表 2-5 所示是对 3 种逻辑运算规则的详细说明。

表 2-3　逻辑运算"与"的运算规则

条件 1	条件 2	条件 1&&条件 2
0	0	0
1	0	0
0	1	0
1	1	1

表 2-4 逻辑运算"或"的运算规则

条件 1	条件 2	条件 1||条件 2
0	0	0
1	0	1
0	1	1
1	1	1

表 2-5 逻辑运算"非"的运算规则

条件	!条件
0	1
1	0

【例 2-16】逻辑运算"与"的应用示例。

例如，电视台录制节目，需要一名小朋友参与，条件是年龄小于 10 岁，并且身高大于 130 厘米。这个描述中包含了两个条件：年龄小于 10 岁、身高大于 130 厘米；这两个条件要求同时成立。可以记作：

```
年龄<10 && 身高>130
```

使用多个逻辑运算符构造逻辑表达式，就可以解决复杂的逻辑判断问题，如判断闰年问题。

【例 2-17】判断闰年的逻辑表达式。

闰年的条件：年份可以被 4 整除但是不能被 100 整除，或者年份可以被 400 整除。

这个条件可以表示为

```
(年份可以被 4 整除但是不能被 100 整除) 或者 (年份可以被 400 整除)
```

设年份为变量 n，可以表示为

```
(n可以被 4 整除  并且  n 不可以被 100 整除) 或者 (n 可以被 400 整除)
```

"并且"用逻辑运算"与"替换，"或者"用逻辑运算"或"替换，可以得到

```
(n可以被 4 整除  &&  n不可以被 100 整除) || (n可以被 400 整除)
```

整除在 C++语言中的实现方法为判断模运算结果是否为 0，所以可以得到在 C++语言中可以使用的逻辑表达式，如下：

```
(n%4==0  && n%100!=0) || (n%400==0)
```

2.2.4 if 语句

C++语言使用 if 语句控制程序在指定条件下完成对应的操作，基本结构如下。

```
if (逻辑表达式) {
    当逻辑表达式成立时需要执行的语句;
}
```

【例 2-18】小明的跑步时间（分支结构）。

在顺序结构部分完成这个题目时，没有使用判断语句，采用计算时间差的方式得到结果。学习了分支结构后，可以使用 if 语句来完成。

【题目描述】

奥运会要到了，小明拼命练习长跑，争取参加奥运会马拉松比赛。

小明给自己的跑步时间做了精确的计时（计时都按 24 小时制记录），他发现自己从 a 时 b 分一直跑到当天的 c 时 d 分，请你帮小明计算一下，他这天一共跑了多少时间。

为了让小明及时准确地掌握自己的成绩，请你编程帮助小明完成计算。

【输入格式】

1 行，4 个整数，分别表示 a、b、c、d。

【输出格式】

1 行，2 个整数 e 和 f，使用空格分隔，依次表示小明这天一共跑了多少小时多少分钟。其中，表示分钟的整数 f 应该小于 60。

【输入样例】

```
13 50 17 15
```

【输出样例】

```
3 25
```

【说明/提示】

对于全部测试数据，$0 \leqslant a, c \leqslant 24$，$0 \leqslant b, d \leqslant 60$，且结束时间一定晚于开始时间。

【分析】

如果直接使用 c-a 计算小时数，使用 d-b 计算分钟数，则需要考虑可能会出现 d-b 为负数的情况，如样例中的数据，15-50=-35。这时，需要向前面借 1 小时，实现-35+60=25。当然如果 d-b 不是负数，就不用借了。

【小明的跑步时间（分支结构）】

```cpp
#include <iostream>
using namespace std;
int main() {
    int a, b, c, d;
    cin >> a >> b >> c >> d;
    int x = c - a, y = d - b;
    if (y < 0) {
        x--;
        y += 60;
    }
    cout << x << " " << y;
    return 0;
}
```

【例 2-19】判断数字是奇数还是偶数。

【题目描述】

判断数字是奇数还是偶数，如果是奇数则输出 odd；如果是偶数则输出 even。

【输入格式】

1 行，一个整数 n。

【输出格式】

1 行，判断数字的结果，如果是奇数则输出 odd；如果是偶数则输出 even。

【输入样例】

```
9
```

【输出样例】

```
odd
```

【判断数字是奇数还是偶数，beta1】

```cpp
#include <iostream>
using namespace std;
int main() {
    int n;
    cin >> n;
    if (n % 2 == 0) {
        cout << "even";
    }
    if (n % 2 != 0) {
        cout << "odd";
    }
    return 0;
}
```

运行时输入"9"，运行结果如下：

```
9
odd
```

如果程序中对判断条件的成立和不成立两种情况都需要处理，这时就可以使用如下的 if…else…语句，基本结构如下。

```
if (逻辑表达式) {
    当逻辑表达式成立时需要执行的语句;
} else {
    当逻辑表达式不成立时需要执行的语句;
}
```

前面的beta1版本代码可以修改为如下beta2版本代码。

【判断数字是奇数还是偶数，beta2】

```cpp
#include <iostream>
using namespace std;
int main() {
    int n;
    cin >> n;
    if (n % 2 == 0) {
        cout << "even";
    }else{
        cout << "odd";
    }
    return 0;
}
```

【例 2-20】判断闰年。

【题目描述】

判断年份是否是闰年。

【输入格式】

1 行，一个整数 n，代表年份的数字。

【输出格式】

1 行，闰年输出 Y，非闰年输出 N。

【输入样例】

```
2000
```

【输出样例】

```
Y
```

【分析】前面已经讲解了判断闰年的逻辑表达式"(n % 4 == 0 && n % 100 != 0) || n % 400 == 0"，这里完成判断闰年的程序实现。

【判断闰年】

```cpp
#include <iostream>
using namespace std;
int main() {
    int n;
    cin >> n;
    if (n % 400 == 0 || (n % 4 == 0 && n % 100 != 0)) {
        cout << "Y";
    } else {
        cout << "N";
    }
    return 0;
}
```

2.2.5 if 语句编程实例及技巧

【例 2-21】判断 3 条边能否构成三角形。

【题目描述】

输入 3 条边的边长 a、b、c 的值，判断是否能构成三角形。如果能构成三角形，则输出字符 Y；如果不能构成三角形，则输出字符 N。

【输入格式】

1 行，3 个使用空格分隔的整数 a、b、c，代表 3 条边的边长。

【输出格式】

1 行，如果能构成三角形，则输出字符 Y；如果不能构成三角形，则输出字符 N。

【输入样例】

```
3 4 5
```

【输出样例】

```
Y
```

【数据范围】

$0 \leqslant a,b,c \leqslant 2^{31}-1$。

【分析】

由数学定理可知，构成三角形的 3 个边长符合以下条件：任意两边之和大于第三边。按题意可知，分为以下 3 种情况。

a+b>c   b+c>a   c+a>b

以上 3 个条件要同时成立，属于逻辑运算"与"，所以需要使用逻辑运算符&&连接。

a + b > c && b + c > a && c + a > b

按极限思维分析，题目中的数据范围 a,b,c ≤ $2^{31}-1$，这个条件需要特别注意，因为 a+b 存在超出范围的可能，如在 a=2147483647、b=2147483647 的情况下，a+b 的结果是 4294967294，这个结果超出了 int 类型的数据范围。

所以在定义变量时，需要使用 long long 类型，避免出现数据溢出错误。

【判断 3 条边能否构成三角形】

```cpp
#include <iostream>
using namespace std;
int main() {
    long long a, b, c;
    cin >> a >> b >> c;
    if (a + b > c && b + c > a && a + c > b) {
        cout << "Y";
    } else {
        cout << "N";
    }
    return 0;
}
```

运行时输入"3 4 5"，运行结果如下：

3 4 5
Y

【例 2-22】偷吃苹果的小虫。

【题目描述】

小明网购了一箱苹果，共有 n 个，商家在发货时，一只小虫偷偷溜进了箱子。从商家发货开始，虫子每 m 个小时吃掉一个苹果。商家发货 k 小时后，这箱苹果才送到小明手中。

假设小虫在吃完一个苹果之前不会开始吃另外的苹果，请问，小明拿到这箱苹果时，还剩下多少个完整的苹果？

【输入格式】

1 行，3 个使用空格分隔的整数，分别是 n、m、k。

【输出格式】

1 行，1 个整数，剩下的完整的苹果数量。

【输入样例】

3 2 1

【输出样例】

2

【分析 1】

小虫开始吃一个苹果之后，这个苹果就不再完整了，被虫子吃过的苹果个数应该是 k/m 的结果，向上取整。需要注意，如果 k 过大，苹果最终会被吃完，不会出现负数。

【偷吃苹果的小虫，beta1】

```cpp
#include <iostream>
#include <cstdio>
#include <cmath>
using namespace std;
int main() {
    int n, m, k;
    int t, rest;
    cin >> n >> m >> k;
    t = ceil((double) k / m);
    if (t < n) {
        rest = n - t;
    } else {
        rest = 0;
    }
    cout << rest << endl;
    return 0;
}
```

在 beta1 版本代码中，首先从标准输入中读取 3 个变量 n、m、k。再计算被虫子吃过的苹果个数，由于 k 和 m 都是整数，如果直接使用 k/m，得到的结果也是整数。例如，当 k=7、m=2 时（虫子每 2 个小时吃掉一个苹果，商家发货 7 小时后），虫子吃过的苹果是 7/2=3.5 个，前 3 个已经吃完，第 4 个已经吃完一半，第 4 个不是完整的苹果。直接使用 k/m，得到的整数结果为 3。所以在 beta1 版本中，先将 k 强制转化为 double 类型，再计算就可以得到带小数的结果。再使用 ceil 函数得到虫子已经吃过的苹果个数（吃完的+正在吃的）。

判断 t<n 的目的是判断是不是所有的苹果已经吃完，以 k=7、m=2 为例，如果苹果总数只有 2 个（n=2），说明虫子最多只有两个苹果可以吃。如果直接使用 n-t（2-4=-2）得到的是-2 个，而正确答案应该是 0，所以先判断苹果个数和虫子可能吃过的苹果个数之间的关系。

【分析 2】

换个思路，直接使用 k/m，得到结果的整数部分，再判断 k 和 m 之间是否是整数倍的关系，如果是整数倍的关系，则说明是小虫刚刚吃完一个，还没有开始吃下一个；如果不是整数倍的关系，则说明有一个苹果正在被小虫吃，但还没有吃完。在统计小虫吃过的苹果数量时，需要增加 1，这个 1 就是小虫正在吃的 1 个苹果。

【偷吃苹果的小虫，beta2】

```cpp
#include <iostream>
#include <cstdio>
#include <cmath>
using namespace std;
int main() {
    int n, m, k;
    int t, rest;
    cin >> n >> m >> k;
    t = k / m;
    if (k % m != 0) {
        t++;
    }
    if (t < n) {
        rest = n - t;
    } else {
        rest = 0;
```

```
    }
    cout << rest << endl;
    return 0;
}
```

2.2.6 嵌套分支和多重分支

在一个分支语句的内部，如果还需要再做判断，可以再添加新的分支语句，这种嵌套结构就是嵌套分支。其基本结构如下。

```
if (逻辑表达式 1) {
    当逻辑表达式 1 成立时需要执行的语句;
} else {
    if (逻辑表达式 2) {
        当逻辑表达式 2 成立时需要执行的语句;
    } else {
        当逻辑表达式 2 不成立时需要执行的语句;
    }
}
```

【例 2-23】牛奶优惠活动。

【题目描述】

红旗超市周末优惠活动规定，红原牌的牛奶 1 盒的单价是 12 元，如果一次购买 5 盒或 5 盒以上打 9 折，一次购买 10 盒或 10 盒以上打 8 折。请按顾客的购买数量计算总价。

【输入格式】

1 行，整数，购买牛奶的盒数。

【输出格式】

1 行，购买牛奶的总价格，保留小数点后 2 位数字。

【输入样例】

```
9
```

【输出样例】

```
97.20
```

【分析】

购买的总价和数量有关，折扣应该是 3 个档次，购买的数量为 1~4 盒没有折扣，购买的数量为 5~9 盒 9 折，购买的数量为 10 盒以上 8 折。

【牛奶优惠活动，beta1】

```cpp
#include <iostream>
using namespace std;
int main() {
    int n;
    float price, discount; //总价和折扣
    cin >> n;
    if (n < 5) {
        discount = 1;
    } else {
        if (n < 10) {
            discount = 0.9;
        } else {
```

```
        discount = 0.8;
        }
    }
    price = 12 * n * discount;
    printf("%.2f", price);
    return 0;
}
```

也可以在一个分支语句中，通过多个逻辑关系式选择多个不同的分支来执行，这种结构称为多重分支，其基本结构如下。

```
if (逻辑表达式 1) {
    当逻辑表达式 1 成立时需要执行的语句;
} else if (逻辑表达式 2) {
    当逻辑表达式 2 成立时需要执行的语句;
} else {
    当逻辑表达式 1 和逻辑表达式 2 都不成立时需要执行的语句;
}
```

【分析】

折扣情况如图 2-2 所示，编程时，可以通过 n<5，首先确定全价部分，排除全价之后，剩下的就是 9 折和 8 折的情况。这两种情况的分界点是 9 或 10，如果使用逻辑表达式 n<10（或 n≤9），符合条件的就是 9 折；如果使用逻辑表达式 n≥10（或 n>9），符合条件的就是 8 折。

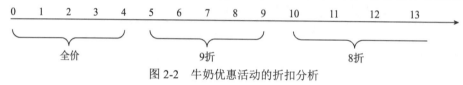

图 2-2　牛奶优惠活动的折扣分析

【牛奶优惠活动，beta2】

```
#include <iostream>
using namespace std;
int main() {
    int n;
    float price, discount; //总价和折扣
    cin >> n;
    if (n < 5) {
        discount = 1;
    } else if (n >= 10) {
        discount = 0.8;
    } else {
        discount = 0.9;
    }
    price = 12 * n * discount;
    printf("%.2f", price);
    return 0;
}
```

这个题目也可以先排除 8 折，再判断 9 折和全价的情况。具体代码交给读者自行完成。

【例 2-24】划分成绩等级。

【题目描述】

输入学生的成绩 n（n 为整数），按分数高低划分不同的成绩等级。成绩大于等于 90 分，等级为优秀；成绩大于等于 80 分，等级为良好；成绩大于等于 60 分，等级为及格；其他成绩的等级为不及格。

【输入格式】

1 行，整数，学生成绩的分数。

【输出格式】

1 行，学生成绩的等级。

【输入样例】

99

【输出样例】

优秀

【数据范围】

$0 \leqslant n \leqslant 100$

【分析】

所有学生的成绩范围在 0～100 之间，包含 0 和 100，通常记作[0,100]。

【划分成绩等级】

```cpp
#include <iostream>
#include <cstdio>
using namespace std;
int main() {
    int n;
    cin >> n;
    if (n >= 90) {
        cout << "优秀";
    } else if (n >= 80) {
        cout << "良好";
    } else if (n >= 60) {
        cout << "及格";
    } else {
        cout << "不及格";
    }
    return 0;
}
```

2.2.7 多重分支编程实例及技巧

【例 2-25】郊游计划。

【题目描述】

小明周末准备去郊游，骑共享单车的速度为 3.5m/s，坐出租车的速度为 11m/s。小明的家门口有很多共享单车，随时可以扫码开始骑行。如果叫出租车，则需要等待 15min，出租车才能到达。

输入从家到郊游目的地的路线距离（单位为 m），编程输出是骑车快还是坐出租车快，分别使用（Bike、Same 和 Taxi）表示骑车快、一样快和坐出租车快。

【输入格式】

1 行，一个整数 n，从家到郊游目的地的路线距离（单位为 m）（$1000 \leqslant n \leqslant 10000$）。

【输出格式】

1 行，字符串 Bike、Same 和 Taxi 分别表示骑车快、一样快和坐出租车快。

【输入样例】

4000

【输出样例】

Bike

【分析1】

到达目标的路程距离为 n，如果小明骑行，则时间为 n/3.5；如果坐出租车出行，则时间是 n/11+15*60，比较这两个时间的关系即可。

【效游计划，beta1】

```cpp
#include <bits/stdc++.h>
using namespace std;
int main(){
    int n;
    int t1,t2;
    cin >> n;
    //cout<<"n="<<n<<endl;
    t1=n/3.5;
    t2=n/11+15*60;
    if(t1<t2){
        cout<<"Bike";
    }else if(t1==t2){
        cout<<"Same";
    }else{
        cout<<"Taxi";
    }
    return 0;
}
```

由于这两个时间都是整数，同时运算过程中有除算运算，会造成部分数据丢失，从而造成结果错误。例如，运行时输入 4619 和 4621，得到的结论都是出租车快。

【分析2】

为了避免在计算过程中出现浮点数，在上述时间计算表达式中，将所有表达式乘以 77（3.5 和 11 的公倍数），可以避免计算过程中出现除法运算，同时又不影响判断大小。

【郊游计划，beta2】

```cpp
#include <bits/stdc++.h>
using namespace std;
int main(){
    int n;
    int t1,t2;
    cin >> n;
    t1=n*22;
    t2=n*7+15*60*77;
    if(t1<t2){
        cout<<"Bike";
    }else if(t1==t2){
        cout<<"Same";
    }else{
        cout<<"Taxi";
    }
    return 0;
}
```

【分析3】

这个题目还可以通过判断距离来完成。距离比较近时，骑行使用的时间少；距离比较远时，坐出租车使用的时间较少。首先使用数学知识，找到骑行和坐出租车使用的时间相同的距离，然后判断距离的大小即可。

假设相同时间的距离为 x，则有

$$\frac{x}{3.5} = \frac{x}{11} + 15 \times 60$$

解这个方程得，$x = 4620$。

如果距离小于 4620，则骑行快；如果距离大于 4620，则坐出租车更快。

【郊游计划，beta3】

```cpp
#include <bits/stdc++.h>
using namespace std;
int main(){
    int n;
    cin >> n;
    if(n<4620){
        cout<<"Bike";
    }else if(n==4620){
        cout<<"Same";
    }else{
        cout<<"Taxi";
    }
    return 0;
}
```

2.2.8 switch-case 语句

switch-case 语句也是分支语句的一种，其基本结构如下。

```cpp
switch (表达式) {
case 常量1:
    语句1;
    break;
case 常量2:
    语句2;
    break;
default:
    语句;
}
```

【例2-26】 简单计算器。

【题目描述】

简单计算器支持+、–、*、/这4种运算。

输入两个数字和运算符，输出运算表达式及结果。

【输入格式】

1行，空格分隔，运算整数 n、m 和运算符 p（输入的数据要确保 m≠0）。

【输出格式】

1行，运算表达式，字符中间无空格。

【输入样例】

```
13 + 15
```

【输出样例】

```
13+15=28
```

【分析】

输入运算数字和运算符，按不同的运算符，执行对应的操作。

【简单计算器】

```cpp
#include <iostream>
#include <cstdio>
using namespace std;
int main() {
    int n, m;
    char p;
    cin >> n >> p >> m;
    switch (p) {
    case '+':
        cout << n << p << m << "=" << n + m;
        break;
    case '-':
        cout << n << p << m << "=" << n - m;
        break;
    case '*':
        cout << n << p << m << "=" << n * m;
        break;
    case '/':
        cout << n << p << m << "=" << n / m;
        break;
    default:
    }
    return 0;
}
```

【例 2-27】最佳购书方案。

【题目描述】

小明参加了少年志愿者活动，组织大家使用自己的零花钱购买一些书送给贫困山区的小朋友。小明来到书店选了 4 本书，每本书的价格分别为 6 元、13 元、15 元和 20 元。小明想把钱用完，同时保证买到书的数量最大。输入小明的零花钱，输出每种价格的购书量。

【输入格式】

1 行，小明的零花钱，整数，确定小明的零花钱金额大于 35 元。

【输出格式】

1 行，每种价格的购书量。

【输入样例】

```
36
```

【输出样例】

```
6:6 13:0 15:0 20:0
```

【分析】

设小明购买 6 元、13 元、15 元和 20 元这 4 种书的数量分别为 a、b、c、d。

小明要将零花钱用完，同时保证购买的书本数量最大，需要尽可能多地购买价格低的书，价格最低为 6。

先假设小明全部买 6 元的书，可以买到 a 本，小明的零花钱不一定全部用完，剩下的有可能是 1、2、3、4、5，当然也有可能全部用完。

为了保证零花钱全部用完，不同的剩余金额处理如下。

当剩下 1 元时，减少 2 本 6 元的书，合并后购买一本 13 元的书。

当剩下 2 元时，减少 3 本 6 元的书，合并后购买一本 20 元的书。

当剩下 3 元时，减少 2 本 6 元的书，合并后购买一本 15 元的书。

当剩下 4 元时，减少 4 本 6 元的书，合并后购买一本 13 元的书和一本 15 元的书。

当剩下 5 元时，减少 5 本 6 元的书，合并后购买一本 15 元的书和一本 20 元的书。

【最佳购书方案】

```cpp
#include <iostream>
#include <cstdio>
using namespace std;
int main() {
    int n, a,b,c,d;
    cin >>n;
    a=n/6;
    switch(n%6){
        case 0:b=0,c=0,d=0;break;
        case 1:a=a-2,b=1,c=0,d=0;break;
        case 2:a=a-3,b=0,c=0,d=1;break;
        case 3:a=a-2,b=0,c=1,d=0;break;
        case 4:a=a-4,b=1,c=1,d=0;break;
        case 5:a=a-5,b=0,c=1,d=1;break;
    }
    cout << "6:"<<a<< ",13:"<<b<< ",15:"<<c<< ",20:"<<d;
    return 0;
}
```

2.3 循环结构

生活中会遇到很多重复性的工作，对于人们来说不胜其烦，但是对于计算机则是轻而易举的事。只需要你设定好程序，然后下达指令"开始"，后续工作都可以交给计算机自动完成。计算机反复执行操作，这就是循环的思想，循环结构就是按照循环思想进行编程的代码。在 C++ 语言中，有 3 种实现循环的语句，分别是 for、while、do…while。

2.3.1 for 语句

for 语句的基本结构如下。

```
for (循环初始化；循环条件；循环改变) {
    语句1；
    语句2；
}
```

大括号{}之间的内容称为循环体，如果循环体只有一个语句，也可以省略符号{}，写为以下形式：

```
for (循环初始化；循环条件；循环改变)
    语句1；
```

在编程中，如果省略了大括号，在语句1之后添加的语句就不会作为循环体。以下代码省略了大括号，相当于循环体只有语句1，语句2并没有包含在循环体中。

```
for (循环变量初始化；循环条件；循环变量改变)
    语句1；
    语句2；
```

等同于

```
for (循环初始化；循环条件；循环改变) {
    语句1；
}
语句2；
```

多个语句，必须使用大括号包含。

```
for (循环初始化；循环条件；循环改变) {
    语句1；
    语句2；
}
```

建议不管循环体中有几个语句，都使用大括号{}，避免后续在循环中添加语句时发生错误。

【例2-28】输出1～8范围内所有整数的平方。

```
#include <iostream>
using namespace std;
int main() {
    int i;
    for (i = 1; i <= 8; i++) {
        cout << i * i << "\t";
    }
    return 0;
}
```

运行结果如下：

```
1       4       9       16      25      36      49      64
```

在for语句的基本结构中，"循环初始化"和"循环改变"都可以是多个语句，如例2-29所示。

【例2-29】多个语句合并的循环初始化。

```
#include <iostream>
using namespace std;
int main() {
    for (int i = 1, j = 10; i < j; i++, j--) {
        cout << i << "---" << j << "\r\n";
    }
```

```
    return 0;
}
```

运行结果如下：

```
1---10
2---9
3---8
4---7
5---6
```

【思考】

将例 2-29 中的"**for** (**int** i = 1, j = 10; i < j; i++, j--) {"改为"**for** (**int** i = 1, j = 10; i < j; i++, j-=2) {"，结果如何？

【例 2-30】循环变量可以在循环外定义。

```
#include <iostream>
using namespace std;
int main() {
    int i, sum = 0;
    for (i = 1; i <= 100; i++) {
        sum += i;
    }
    cout << "i=" << i << ",sum=" << sum;
    return 0;
}
```

运行结果如下：

```
i=101,sum=5050
```

【思考】下面的程序和例 2-30 一样吗？可以运行吗？为什么？

```
#include <iostream>
using namespace std;
int main() {
    int sum = 0;
    for (int i = 1; i <= 100; i++) {
        sum += i;
    }
    cout << "i=" << i << ",sum=" << sum;
    return 0;
}
```

如果在循环结束之后，还需要输出循环变量 i 的值，则循环变量就必须在循环外定义。所有定义在循环中的变量，在循环完成之后，都会被系统自动回收。

【例 2-31】计算身高的平均值。

【题目描述】

学校需要统计初一学生的身高信息，已经收集了全部学生的身高，请计算身高的平均值。

【输入格式】

第 1 行，1 个整数，初一全部学生的人数；第 2 行，初一全部学生的身高信息，使用空格分隔的整数（单位为厘米）。

【输出格式】

1 行，1 个浮点数，保留小数点后 2 位数字。

【输入样例】

```
10
172 159 154 168 158 164 167 189 135 184
```

【输出样例】

```
165.00
```

【分析】

读取人数后，使用 for 循环，累加所有身高，再求出平均身高。

注意

如果使用 printf 输出 double 类型，格式字符要使用%lf。

【计算身高的平均值】

```
#include <iostream>
using namespace std;
int main() {
    int i, n, t, sum = 0;
    double avg;
    cin >> n;
    for (i = 0; i < n; i++) {
        cin >> t;
        sum += t;
    }
    avg = (double) sum / n;
    printf("%.2lf", avg);
    return 0;
}
```

【例 2-32】计算身高的平均值、最大值和最小值。

【题目描述】

学校需要统计初一学生的身高信息，已经收集了全部学生的身高，请计算身高的平均值，同时统计身高的最大值和最小值。

【输入格式】

第 1 行，1 个整数，初一全部学生的人数；第 2 行，初一全部学生的身高信息，使用空格分隔的整数（单位为厘米）。

【输出格式】

1 行，2 个整数和 1 个浮点数，分别是平均值、最大值和最小值，平均值保留小数点后 2 位数字。

【输入样例】

```
10
172 159 154 168 158 164 167 189 135 184
```

【输出样例】

```
165.00 189 135
```

【计算身高的平均值、最大值和最小值】

```cpp
#include <iostream>
using namespace std;
int main() {
    int i, n, t, sum = 0, max, min;
    double avg;
    cin >> n;
    cin >> t;
    sum = max = min = t;
    for (i = 1; i < n; i++) {
        cin >> t;
        sum += t;
        if (t > max) {
            max = t;
        }
        if (t < min) {
            min = t;
        }
    }
    avg = (double) sum / n;
    printf("%.2lf %d %d ", avg, max, min);
    return 0;
}
```

▶ **注意**

例 2-32 统计最大值和最小值的技巧，首先将读取到的第 1 个身高赋值给 max 和 min，此后读取的身高再和第 1 个进行比较。

【例 2-33】斐波那契数列的指定项。

【题目描述】

斐波那契数列（fibonacci）是一个特殊的数列，数列的第 1 项和第 2 项都是 1，从第 3 项开始，每一项都是前两项之和。

例如：1，1，2，3，5，8，13，21，34，55，89，144，…

要求，计算指定项的值。

【输入格式】

第 1 行，1 个整数 n。

【输出格式】

1 行，1 个整数，斐波那契数列的第 n 项（n≤40）。

【输入样例】

6

【输出样例】

8

【分析】

按照题意，对于数列中的第 3 项之后，都有 $f_n = f_{n-1} + f_{n-2}$，即第 3 项=第 2 项+第 1 项，第 4 项=第 3 项+第 2 项，……。

这个过程中会产生很多中间数据，可以通过移动操作，只保留最后一次计算位置的前两项。直到需要的第 n 项为止。

由于数列的前两项是初始条件，前两项在程序中要单独处理。

【斐波那契数列的指定项】

```cpp
#include <iostream>
using namespace std;
int main() {
    int a = 1, b = 1, c, n;
    cin >> n;
    if (n == 1 || n == 2) {
        cout << 1;
    } else {
        for (int i = 3; i <= n; i++) {
            c = a + b;
            a = b;
            b = c;
        }
        cout << c;
    }
    return 0;
}
```

【例 2-34】不高兴的津津。

【题目描述】

津津上初中了。妈妈认为津津应该更加用功学习，所以津津除了上学，还要参加妈妈为她报名的各科复习班。另外，每周妈妈还会送她去学习朗诵、舞蹈和钢琴。但是津津如果一天上课超过 8 个小时就会不高兴，而且上得越久就会越不高兴。假设津津不会因为其他事不高兴，并且她的不高兴不会持续到第二天，请你帮忙检查一下津津下周的日程安排，看看下周她会不会不高兴；如果会的话，哪天最不高兴。

【输入格式】

包括 7 行数据，分别表示周一到周日的日程安排。每行包括两个使用空格分隔的小于 10 的非负整数，分别表示津津在学校上课的时间和妈妈安排她上课的时间。

【输出格式】

1 行，这一行只包含一个数字。如果不会不高兴，则输出 0；如果会不高兴，则输出最不高兴的是周几（用 1、2、3、4、5、6、7 分别表示周一、周二、周三、周四、周五、周六、周日）。如果有两天或两天以上不高兴的程度相当，则输出时间最靠前的一天。

【输入样例】

```
5 3
6 2
7 2
5 3
5 4
0 4
0 6
```

【输出样例】

```
3
```

【分析】

这是 NOIP2004 年普及组的复赛第 1 题，按题意理解，要找出 7 组数字中，超过 8（超过 8 小时，才会不高兴）的最大值。如果相同的值出现，后者出现的不用统计（输出时间最靠前的一天）。只有 7 组数据，循环次数确定，考虑使用 for 语句实现循环。

【不高兴的津津，beta1】

```cpp
#include <bits/stdc++.h>
using namespace std;
int main() {
    int s, h, t; //school,home
    int ans = 0, max = 0;
    for (int i = 1; i <= 7; i++) {
        cin >> s >> h;
        t = s + h;
        if (t > 8 && t > max) { //符合不高兴的条件 并且 超过上次不高兴的时间
            ans = i;
            max = t;
        }
    }
    cout << ans << endl;
    return 0;
}
```

【不高兴的津津，beta2】

```cpp
#include <iostream>
using namespace std;
int main() {
    int s, h, ans = 0, max = 0; //school,home
    for (int i = 1; i <= 7; i++) {
        cin >> s >> h;
        if (s + h > max) {
            max = s + h;
            ans = i;
        }
    }
    if (max > 8) {//如果最大值超过不高兴的条件
        cout << ans;
    } else {
        cout << 0;
    }
    return 0;
}
```

2.3.2　while 语句

while 语句的基本结构如下。

```cpp
while (逻辑表达式) {
    语句1;
    语句2;
}
```

大括号{}之间的内容称为循环体，如果循环体只有一个语句，也可以写为如下结构。

```cpp
while (逻辑表达式)
    语句1;
```

和 for 语句一样，为了避免调试程序时发生错误，建议不管循环体中有几个语句，都使用大括号{}括起来。

在 while 语句的使用中，要注意避免陷入死循环。

【例 2-35】循环条件在循环体中没有改变，会陷入死循环。

```cpp
#include <iostream>
using namespace std;
int main() {
    int i = 1;
    while (i < 2) {
        cout << i;
    }
    return 0;
}
```

例 2-35 中的逻辑表达式 i<2 一直成立，所以程序就会陷入死循环。

while 语句比较适合于已知循环条件，但是不能确定循环次数的循环结构。

【例 2-36】寻找斐波那契数列中大于指定值的最小项。

【题目描述】

小明学习斐波那契数列后就一直在思考，给定一个数字 m，能不能找出大于数字 m 的最小项呢？

【输入格式】

1 行，1 个整数 m（m>0）。

【输出格式】

1 行，1 个整数，斐波那契数列中大于 m 的最小项。

【输入样例】

```
100
```

【输出样例】

```
144
```

【分析】

斐波那契数列的第 12 项为 144，为大于 100 的最小项，所以输出 144。

要找出这个最小项，需要找一个，比较一个，直到找到为止。循环条件容易确定，但是循环次数不容易确定。

【寻找斐波那契数列中大于指定值的最小项，beta1】

```cpp
#include <iostream>
using namespace std;
int main() {
    int a = 1, b = 1, c, n, m;
    cin >> m;
    c = a + b;
    a = b;
    b = c;
    n = 3;
    while (c <= m) {
        cout << "a=" << a << ",b=" << b << ",c=" << c << endl;
        c = a + b;
```

```
        a = b;
        b = c;
        n++;
    }
    cout << c;
    return 0;
}
```

> **注意**
>
> 为了展示 while 循环的过程，通过添加输出语句的方法实现，在 while 语句后添加
> 输出语句 "cout << "a=" << a << ",b=" << b << ",c=" << c << endl;"。

运行时输入"100"，运行结果如下：

```
100
a=1,b=2,c=2
a=2,b=3,c=3
a=3,b=5,c=5
a=5,b=8,c=8
a=8,b=13,c=13
a=13,b=21,c=21
a=21,b=34,c=34
a=34,b=55,c=55
a=55,b=89,c=89
144
```

结合已知的斐波那契数列分析，对了解循环过程会有所帮助。

【例 2-37】判断质数。

【题目描述】

判断给定的正整数 n 是否为质数，若是则输出 1，否则输出 0。

【输入格式】

1 行，1 个正整数。

【输出格式】

1 行，1 个数字，0 或 1。

【输入样例】

137

【输出样例】

1

【分析】

质数除了 1 和自身不再有其他约数。要判断一个数是否是质数，从除数为 2 开始尝试，除数没有超过 n–1 且没有出现整除，就将除数加 1，反复尝试。在重复的过程中，一旦出现整除，就说明非质数；如果直到除数为 n，也没有出现整除现象，那么 n 一定是质数。

本题使用循环结构解决，重复的次数未知，重复的条件可以确定，所以使用 while 语句比较适合。

【判断质数】

```cpp
#include <iostream>
using namespace std;
int main() {
    int n, i;
    cin >> n;
    i = 2;
    while (n % i != 0 && i < n) {
        i++;
    }
    if (i == n) {
        cout << 1;
    } else {
        cout << 0;
    }
    return 0;
}
```

【例 2-38】最大公约数。

【题目描述】

求任意 2 个自然数 a、b 的最大公约数。

【输入格式】

1 行，使用 2 个空格分隔的自然数 a、b。

【输出格式】

1 行，最大公约数。

【输入样例】

8 40

【输出样例】

8

【分析】

使用辗转相除法求最大公约数，对于任意 2 个自然数 a 和 b，如果 q 和 r 是 a 除 b 的商和余数，那么 a 和 b 的最大公约数等于 b 和 r 的最大公约数。

本题使用循环结构，直到出现整除为止，整除时的除数就是 a 和 b 的最大公约数。流程图如图 2-3 所示，当条件不符合时，循环会一直执行，循环次数不确定。

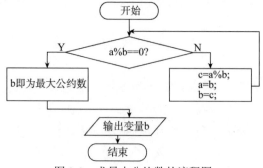

图 2-3　求最大公约数的流程图

【样例 1】

a=24,b=8;a%b==0,最大公约数为 8

【样例 2】

a=35,b=28;a%b==7,a=b;b=c;28%7==0;最大公约数为 7

【最大公约数】

```cpp
#include <iostream>
using namespace std;
int main() {
    int a, b, t;
    cin >> a >> b;
    while (t = a % b) {
        a = b;
        b = t;
    }
    cout << b;
    return 0;
}
```

【说明】

代码中的"t=a%b"，先执行"a%b"，将结果赋值给 t，如果此时 t=0，相当于逻辑力假，退出循环。

2.3.3 do…while 语句

do…while 语句的基本结构如下。

```
do {
    语句1;
    语句2;
} while (逻辑表达式);
```

大括号{}之间的内容称为循环体，如果循环体只有一个语句，也可以写为如下结构：

```
do
    语句1;
while (逻辑表达式);
```

和 for 语句、while 语句一样，为了避免调试程序时发生错误，建议不管循环体中有几个语句，都使用大括号{}括起来。

do…while 语句和 while 语句很相似，不同的是 do…while 语句是先执行再判断，而 while 语句是先判断再执行。

【例 2-39】寻找斐波那契数列中大于指定值的最小项。

【题目描述】

小明学习斐波那契数列后就一直在思考，给定一个数字 m，能不能找出大于数字 m 的最小项呢？

【输入格式】

1 行，1 个整数 m（m>0）。

【输出格式】

1 行，1 个整数，斐波那契数列中大于 m 的最小项。

【输入样例】

```
100
```

【输出样例】

```
144
```

【分析】

斐波那契数列的第 12 项为 144，为大于 100 的最小项，所以输出 144。

在前面的例 2-36 中已经使用 while 语句解决了这个问题，细心的读者会发现例 2-36 的代码中有两处代码完全一样，重复出现的两段代码如下：

```
c = a + b;
a = b;
b = c;
```

这种完全一样重复出现的代码称为代码冗余。

重复出现的原因是，while 语句判断的变量 c 在比较之前需要完成一次 c=a+b 的求和操作。如果使用 do…while 语句则可以避免这个问题，如下列代码所示，由于 do…while 语句的循环条件在末尾处进行判断，在判断之前，已经执行了一次 c =a+b 的求和操作。

【寻找斐波那契数列中大于指定值的最小项，beta2】

```cpp
#include <iostream>
using namespace std;
int main() {
    int a = 1, b = 1, c, n = 3, m;
    cin >> m;
    do {
        c = a + b;
        a = b;
        b = c;
        n++;
        cout << "a=" << a << ",b=" << b << ",c=" << c << endl;
    } while (c <= m);
    cout << c;
    return 0;
}
```

▶ 注意

为了展示 do…while 循环的过程，通过添加输出语句的方法实现，在 do…while 语句的循环体中添加调试用的输出语句 "cout << "a=" << a << ",b=" << b << ",c=" << c << endl;"。

运行时输入 "100"，运行结果如下：

```
100
a=1,b=2,c=2
a=2,b=3,c=3
a=3,b=5,c=5
```

```
a=5,b=8,c=8
a=8,b=13,c=13
a=13,b=21,c=21
a=21,b=34,c=34
a=34,b=55,c=55
a=55,b=89,c=89
a=89,b=144,c=144
144
```

请读者对比例 2-36 和例 2-39 的代码，分析 while 语句和 do…while 语句的异同。

2.3.4 循环结构编程实例及技巧

【例 2-40】计算器的改良。

【题目描述】

NCL 是一家专门从事计算器改良与升级的实验室，最近该实验室收到了某公司委托的一个任务：需要在该公司某型号的计算器上加上解一元一次方程的功能。实验室主管将这个任务交给了一个刚进入实验室的新手 ZL 先生。为了很好地完成这个任务，ZL 先生首先研究了一些一元一次方程的实例。

```
4+3x=8
6a-5+1=2-2a
-5+12y=0
```

ZL 先生被主管告之，在计算器上输入的一个一元一次方程中，只包含整数、小写字母及+、-、=这 3 个数学符号（当然，符号"-"既可以作为减号，也可以作为负号）。方程中没有空格、括号、除号，方程中的字母表示未知数。

【输入格式】

1 行，一个一元一次方程，可以认为输入的一元一次方程均是合法的，且有唯一实数解。

【输出格式】

1 行，方程的结果（精确至小数点后 3 位）。

【输入样例】

```
6a-5+1=2-2a
```

【输出样例】

```
a=0.750
```

【分析】

解题步骤，建立测试文件 1.in 和程序文件 calculator.cpp，输入程序的基本框架，并从 1.in 文件中读取一元一次方程的所有字符。

题目中没有明确给出一元一次方程的字符数量，可以使用字符串 string 输入字符，也可以使用字符数组输入字符。注意对比这两种方法的区别。

（1）使用字符串输入的字符中不能包含空格。

（2）读取字符数量的方法不同。

使用字符串 string 方法输入字符的代码如下。

【计算器的改良，beta1】

```cpp
#include <bits/stdc++.h>
using namespace std;
int main() {
    freopen("1.in", "r", stdin);
    string s;
    cin >> s;
    cout << s << endl;
    cout << "长度=" << s.size() << endl;
    return 0;
}
```

使用字符数组方法输入字符的代码如下：

【计算器的改良，beta2】

```cpp
#include <bits/stdc++.h>
using namespace std;
int main() {
    freopen("1.in", "r", stdin);
    char s[1000];
    gets(s);
    puts(s);
    cout << "长度=" << strlen(s) << endl;
    return 0;
}
```

下面以使用字符串方法输入字符为例进行介绍。下一步，将读取的字符分解为单个字符。

【计算器的改良，beta3】

```cpp
#include <bits/stdc++.h>
using namespace std;
int main() {
    freopen("1.in", "r", stdin);
    string s;
    cin >> s;
    cout << s << endl;
    for (int i = 0; i <= s.size(); i++) {
        cout << s[i];
    }
    return 0;
}
```

在 for 循环中，按照每次的字符不同，设置不同的处理方式。

在处理"一元一次方程"的过程中，可能出现的字符有数字、小写字母、等号、加号和减号。

【计算器的改良，beta4】

```cpp
#include <bits/stdc++.h>
using namespace std;
int main() {
    freopen("1.in", "r", stdin);
    string s;
    cin >> s;
    cout << s << endl;
    for (int i = 0; i <= s.size(); i++) {
        cout << s[i];
```

```
        if (s[i] <= '9' && s[i] >= '0') {
        } else if (s[i] <= 'z' && s[i] >= 'a') {
        } else if (s[i] == '=') {
        } else if (s[i] == '+') {
        } else if (s[i] == '-') {
        }
    }
    return 0;
}
```

这里，以比较简单的单边为 0 的方程为例进行介绍，如 12a-24=0。

【计算器的改良，beta5】

```
#include <bits/stdc++.h>
using namespace std;
int main() {
    freopen("1.in", "r", stdin);
    string s;
    int t=0;
    cin >> s;
    cout << s << endl;
    for (int i = 0; i <= s.size(); i++) {
        cout << "字符: " << s[i];
        if (s[i] <= '9' && s[i] >= '0') {
            t = t * 10 + s[i] - '0';
            cout << "\t\tt=" << t;
        } else if (s[i] <= 'z' && s[i] >= 'a') {
        } else if (s[i] == '=') {
        } else if (s[i] == '+') {
        } else if (s[i] == '-') {
        }
        cout << endl;
    }
    return 0;
}
```

运行时输入"12a-24=0"，运行结果如下：

```
12a-24=0
字符: 1          t=1
字符: 2          t=12
字符: a
字符: -
字符: 2          t=122
字符: 4          t=1224
字符: =
字符: 0          t=12240
字符:
```

分析运行结果，可以看出代码"t=t*10+s[i]-'0';"在 t=0 的前提下，可以将字符数组中的数字字符转换为数字，并且通过变量 t 汇总。

接下来添加遇到"代表未知数的字母"时的处理代码，定义变量 x 和 y，将一元一次方程构建为类似 xa+y=0 的形式。

定义字符 n，在遇到未知数时，记录未知数的字母到字符 n。

遇到字母时，表明当前记录的数字 t 属于系数，将 t 的值记录到系数对应的变量 x 中，记录后，t 恢复为初值 0。

遇到加号、减号和等号时，都表明当前记录的数字 t 属于常数项，需要将 t 的值记录到常数 y 中，记录后，t 恢复为初值 0。

在每次循环体结束时，输出当前的变量值，观察各变量的变化情况。

【计算器的改良，beta6】

```cpp
#include <bits/stdc++.h>
using namespace std;
int main() {
    freopen("1.in", "r", stdin);
    string s;
    int t=0,x=0,y=0;
    char n;
    cin >> s;
    cout << s << endl;
    for (int i = 0; i <= s.size(); i++) {
        cout << "字符: " << s[i];
        if (s[i] <= '9' && s[i] >= '0') {
            t = t * 10 + s[i] - '0';
            cout << "\t\tt=" << t;
        } else if (s[i] <= 'z' && s[i] >= 'a') {
            n=s[i];
            x=t;t=0;
        } else if (s[i] == '=') {
            y=t;t=0;
        } else if (s[i] == '+') {
            y=t;t=0;
        } else if (s[i] == '-') {
            y=t;t=0;
        }
        cout << endl;
  cout<<"----------t="<<t<<",x="<<x<<",y="<<y<<",n="<<n <<endl;
    }
    return 0;
}
```

运行时输入"12a-24=0"，运行结果如下：

```
12a-24=0
字符: 1         t=1
----------t=1,x=0,y=0,n=
字符: 2         t=12
----------t=12,x=0,y=0,n=
字符: a
----------t=0,x=12,y=0,n=a
字符: -
----------t=0,x=12,y=0,n=a
字符: 2         t=2
----------t=2,x=12,y=0,n=a
字符: 4         t=24
----------t=24,x=12,y=0,n=a
字符: =
----------t=0,x=12,y=24,n=a
字符: 0         t=0
----------t=0,x=12,y=24,n=a
字符:
----------t=0,x=12,y=24,n=a
```

考虑到方程中有可能多次出现常数项和系数项，每次变量 t 中的数字转移到 x 或 y 时，应当在原有的 x 值或 y 值上累加，累加时还需要考虑出现负号的情况。增加一个记录负号的字符 f，将 f 的初值设为空格，如果遇到了负号，就记录到 f 中。

在遇到等号时，相当于将系数项 x 和常数项 y 同时移动到等号的另一侧，在数学计算时，需要将 x 和 y 同时取相反数。

退出循环后，还需要再处理一次常数项，系数项不需要考虑（因为系数项在出现字母时会处理，常数项有可能出现在方程的最后一项）。

最后计算并输出结果。

【计算器的改良，beta7】

```cpp
#include <bits/stdc++.h>
using namespace std;
int main() {
    freopen("1.in", "r", stdin);
    string s;
    int t=0,x=0,y=0;
    char n,f=' ';
    cin >> s;
    cout << s << endl;
    for (int i = 0; i <= s.size(); i++) {
        cout << "字符: " << s[i];
        if (s[i] <= '9' && s[i] >= '0') {
            t = t * 10 + s[i] - '0';
        } else if (s[i] <= 'z' && s[i] >= 'a') {
            n=s[i];
            if (f == '-') {
                x -= t;
            } else {
                x += t;
            }
            t = 0;
        } else if (s[i] == '=') {
            if(f=='-'){
                y-=t;
            }else{
                y+=t;
            }
            t=0;
            y=-y;x=-x;//遇到等号
            f=' ';
        } else if (s[i] == '+') {
            if(f=='-'){
                y-=t;
            }else{
                y+=t;
            }
            t=0;
            f='+';
        } else if (s[i] == '-') {
            if(f=='-'){
                y-=t;
            }else{
                y+=t;
            }
            t=0;
            f='-';
        }
        cout << endl;
        cout<<"----------t="<<t<<",x="<<x<<",y="<<y<<",n="<<n<<endl;
```

```
    }
    if(f=='-'){
        y-=t;
    }else{
        y+=t;
    }
    y=-y;
    cout<<"----------t="<<t<<",x="<<x<<",y="<<y<<",n="<<n<<endl;
    printf("%c=%.3lf",n,(double)y/x);
    return 0;
}
```

最后，需要考虑负号出现在第 1 位或等号后面等位置的特殊情况。

如果字母出现在第 1 位，需要注意，有默认的系数项 1。

【计算器的改良，beta8】

```
#include <bits/stdc++.h>
using namespace std;
int main() {
    string s;
    int t=0,x=0,y=0;
    char n,f=' ';
    cin >> s;
    //cout << s << endl;
    for (int i = 0; i <= s.size(); i++) {
        //cout << "字符: " << s[i];
        if (s[i] <= '9' && s[i] >= '0') {
            t = t * 10 + s[i] - '0';
        } else if (s[i] <= 'z' && s[i] >= 'a') {
            n=s[i];
            if (t == 0) {
                t = 1;
            }
            if (f == '-') {
                x -= t;
            } else {
                x += t;
            }
            t = 0;f=' ';
        } else if (s[i] == '=') {
            if(f=='-'){
                y-=t;
            }else{
                y+=t;
            }
            t=0;
            y=-y;x=-x;//遇到等号
            f=' ';
        } else if (s[i] == '+') {
            if(f=='-'){
                y-=t;
            }else{
                y+=t;
            }
            t=0;
            f='+';
        } else if (s[i] == '-') {
            if(f=='-'){
                y-=t;
            }else{
```

```
                    y+=t;
                }
            t=0;
            f='-';
        }
        //cout << endl;
        //cout<<"-----t="<<t<<",x="<<x<<",y="<<y<<",n="<<n<<endl;
    }
    if(f=='-'){
        y-=t;
    }else{
        y+=t;
    }
    y=-y;
    //cout<<"-----t="<<t<<",x="<<x<<",y="<<y<<",n="<<n<<endl;
    printf("%c=%.3lf",n,(double)y/x);
    return 0;
}
```

2.4 多重循环

在循环结构内部再次使用循环结构,称为多重循环。在多重循环结构中,for 语句、while 语句和 do…while 语句可以担任循环结构的任何一层,只要能实现循环即可。

采用 for 语句作为外层循环的结构有以下 3 种。

第 1 种:

```
for (...) {
    for (...) {
        ...
    }
}
```

第 2 种:

```
for (...) {
    while (...) {
        ...
    }
}
```

第 3 种:

```
for (...) {
    do{
        ...
    }while (...);
}
```

采用 while 语句作为外层循环的结构有以下 3 种。

第 1 种:

```
while (...) {
    for (...) {
        ...
    }
}
```

第 2 种:

```
while (...) {
    while (...) {
        ...
    }
}
```

第 3 种:

```
while (...) {
    do {
        ...
    }while (...);
}
```

请同学们自行总结采用 do…while 语句作为外层循环的 3 种结构。

2.4.1　双重循环分析和实例

【例 2-41】打印九九乘法表。

```
#include <bits/stdc++.h>
using namespace std;
int main() {
    for (int i = 1; i <= 9; i++) {
        for (int j = 1; j <= 9; j++) {
            cout << i << "×" << j << "=" << i * j << "\t";
        }
        cout << endl;
    }
    return 0;
}
```

运行结果如下:

```
1×1=1   1×2=2   1×3=3   1×4=4   1×5=5   1×6=6   1×7=7   1×8=8   1×9=9
2×1=2   2×2=4   2×3=6   2×4=8   2×5=10  2×6=12  2×7=14  2×8=16  2×9=18
3×1=3   3×2=6   3×3=9   3×4=12  3×5=15  3×6=18  3×7=21  3×8=24  3×9=27
4×1=4   4×2=8   4×3=12  4×4=16  4×5=20  4×6=24  4×7=28  4×8=32  4×9=36
5×1=5   5×2=10  5×3=15  5×4=20  5×5=25  5×6=30  5×7=35  5×8=40  5×9=45
6×1=6   6×2=12  6×3=18  6×4=24  6×5=30  6×6=36  6×7=42  6×8=48  6×9=54
7×1=7   7×2=14  7×3=21  7×4=28  7×5=35  7×6=42  7×7=49  7×8=56  7×9=63
8×1=8   8×2=16  8×3=24  8×4=32  8×5=40  8×6=48  8×7=56  8×8=64  8×9=72
9×1=9   9×2=18  9×3=27  9×4=36  9×5=45  9×6=54  9×7=63  9×8=72  9×9=81
```

代码中有两重循环结构,外循环的循环变量 i 的范围为 1~9,控制程序输出 9 行内容。内循环的循环变量 j 的范围为 1~9,控制程序中每 1 行输出 9 个乘法式。

关键循环代码 cout << i << "×" << j << "=" << i * j << "\t";,每次内循环输出 1 个乘法式;每次内循环时,i 值不变,j 值从 1 变到 9;\t 是一个制表符可以确保每个乘法式的宽度一致。

常见九九乘法表是上部窄下部宽,修改内循环终值为 i 后的代码如下。

```
#include <bits/stdc++.h>
using namespace std;
int main() {
    for (int i = 1; i <= 9; i++) {
        for (int j = 1; j <= i; j++) {
            cout << i << "×" << j << "=" << i * j << "\t";
        }
```

```
        cout << endl;
    }
    return 0;
}
```

运行结果如下：

```
1×1=1
2×1=2  2×2=4
3×1=3  3×2=6  3×3=9
4×1=4  4×2=8  4×3=12 4×4=16
5×1=5  5×2=10 5×3=15 5×4=20 5×5=25
6×1=6  6×2=12 6×3=18 6×4=24 6×5=30 6×6=36
7×1=7  7×2=14 7×3=21 7×4=28 7×5=35 7×6=42 7×7=49
8×1=8  8×2=16 8×3=24 8×4=32 8×5=40 8×6=48 8×7=56 8×8=64
9×1=9  9×2=18 9×3=27 9×4=36 9×5=45 9×6=54 9×7=63 9×8=72      9×9=81
```

【例 2-42】寻找质数。

【题目描述】

小明正在学习与质数相关的知识，他希望能得到更多的判断质数的练习。小明想编写一个程序，他输入两个自然数 n 和 m，计算机自动输出这两个自然数之间的所有质数（包括这两个自然数）。你能帮他实现这个程序吗？

【输入格式】

1 行，2 个使用空格分隔的自然数 n 和 m（2≤n≤m≤10000）。

【输出格式】

1 行，这个区间内的所有质数，使用空格分隔，如果这个区间内没有质数，则输出 NO。

【输入样例】

```
2 100
```

【输出样例】

```
2 3 5 7 11 13 17 19 23 29 31 37 41 43 47 53 59 61 67 71 73 79 83 89 97
```

【分析】

在例 2-37 中，实现了判断一个数字是否是质数，寻找质数是在判断质数的基础上增加一个循环，判断自然数 n～m 之间所有的数字。

这个题目中没有说明 n 和 m 之间的大小关系，那就需要先判断 n 和 m 的大小，因为在循环中，需要考虑"循环变化"问题。所以在编程时，需要把 n 和 m 的大小关系统一为 n<m。如果出现 n>m，就需要交换 n 和 m 的值。

变量 f 用于检测当前循环变量 i 是否是质数，如果在范围[2,i-1]中，没有数字能和 i 整除，说明 i 是质数；反之，i 不是质数。

变量 e 用于检测[n,m]范围内是否有质数，如果没有输出过质数，则按题意需要输出 NO。

【寻找质数】

```cpp
#include <bits/stdc++.h>
using namespace std;
int main() {
    int n, m, c, j, e = 0;
    bool f = 0;
    e = 0;
```

```
    cin >> n >> m;
    if (n > m) {
        n = c;
        n = m;
        m = c;
    }
    for (int i = n; i <= m; i++) {
        f = 0;
        for (j = 2; j < i; j++) {
            if (i % j == 0) {
                f = 1;
                break;
            }
        }
        if (f == 0) {
            cout << i << " ";
            e = 1;
        }
    }
    if (e == 0) {
        cout << "NO";
    }
    return 0;
}
```

运行时输入"2   100"，运行结果如下：

```
2 100
2 3 5 7 11 13 17 19 23 29 31 37 41 43 47 53 59 61 67 71 73 79 83 89 97
```

2.4.2　break 语句和 continue 语句

在循环结构中，有时需要提前终止循环或跳过特定的语句，这时就需要使用 break 语句和 continue 语句。

break 语句的作用：中断当前循环体的执行，跳出本层循环。

【例 2-43】一重循环中的 break。

```
#include <iostream>
using namespace std;
int main() {
    for (int i = 0; i < 5; i++) {
        if (i == 3) {
            break;
        }
        cout << "i=" << i << endl;
    }
    return 0;
}
```

运行结果如下：

```
i=0
i=1
i=2
```

【分析】

在程序中，for 语句循环应该是 5 次，当运行到 i==3 时，遇到 break 语句，跳出当前循环体，循环终止。

【例 2-44】多重循环中的 break。

```cpp
#include <iostream>
using namespace std;
int main() {
    for (int i = 0; i < 4; i++) {
        for (int j = 0; j < 4; j++) {
            if (i == 2 || j == 2) {
                cout << "Exit" << endl;
                break;
            }
            cout << "i=" << i << ",j=" << j << endl;
        }
    }
    return 0;
}
```

【分析】

break 语句只跳出当前循环，如果有多重循环，则只跳出一层循环。

运行结果如下：

```
i=0,j=0
i=0,j=1
Exit
i=1,j=0
i=1,j=1
Exit
Exit
i=3,j=0
i=3,j=1
Exit
```

continue 语句的作用：结束本次循环，接着开始下一次循环。

【例 2-45】一重循环中的 continue。

```cpp
#include <iostream>
using namespace std;
int main() {
    for (int i = 0; i < 5; i++) {
        if (i == 3) {
            continue;
        }
        cout << "i=" << i << endl;
    }
    return 0;
}
```

【分析】

continue 语句和 break 语句的不一样之处在于，continue 语句没有结束循环体，只是结束了本次循环，所以后面还出现了 i=4 的下一次循环。

运行结果如下：

```
i=0
i=1
i=2
i=4
```

2.4.3 多重循环实例

【例 2-46】百鸡百钱。

【题目描述】

我国古代数学家张丘建在《算经》一书中提出的数学问题：鸡翁一，值钱五；鸡母一，值钱三；鸡雏三，值钱一。百钱买百鸡，问鸡翁、鸡母、鸡雏各几何？

翻译为现代白话文为，公鸡 1 只 5 元，母鸡 1 只 3 元，小鸡 3 只 1 元，用 100 元买 100 只鸡，问有几种购买方案？每个方案中公鸡、母鸡和小鸡各多少只？

【输入格式】

无。

【输出格式】

多行，1 行 1 组数据，空格分隔的公鸡数量、母鸡数量、小鸡数量。

【输入样例】

无。

【输出样例】

```
0 25 75
4 18 78
8 11 81
12 4 84
```

【分析】

设公鸡 x 只，母鸡 y 只，小鸡 z 只。如果 100 元全部买公鸡，则最多只 20 只；全部买母鸡，最多买 33 只；全部买小鸡，最多买 300 只。

使用 3 层循环，可以列出所有组合，再检测这些组合是否符合题意要求。

【百鸡百钱，beta1】

```cpp
#include <iostream>
using namespace std;
int main() {
    int x, y, z;
    for (x = 0; x <= 20; x++) {
        for (y = 0; y <= 33; y++) {
            for (z = 0; z <= 300; z++) {
                if (x*5 + y*3 + z/3 == 100 && x + y + z == 100) {
                    cout << x << " " << y << " " << z << endl;
                }
            }
        }
    }
    return 0;
}
```

运行结果如下：

```
0 25 75
3 20 77
4 18 78
7 13 80
8 11 81
11 6 83
12 4 84
```

【思考】

本题解决的方法称为枚举，上述结果是否符合题意呢？

通过验证可以发现，部分数据不符合题意，如"3　20　77"，代表公鸡3只、母鸡20只、小鸡77只，从金额方面验证：3*5+20*3+77/3=100.666666。

分析可以发现：问题出现在z/3，由于z是整数，z/3的结果25.666666自动去掉了小数部分。

为了避免出现类似问题，在计算中应当避免做除法运算，可以考虑在判断的逻辑条件中，使用数学的方法将除法变为乘法。

```
x * 5 + y * 3 + z / 3 == 100
```

可以在两边同时乘上3，变为如下逻辑表达式：

```
x * 15 + y * 9 + z  == 300
```

【百鸡百钱，beta2】

```cpp
#include <iostream>
using namespace std;
int main() {
    int x, y, z;
    for (x = 0; x <= 20; x++) {
        for (y = 0; y <= 33; y++) {
            for (z = 0; z <= 300; z++) {
                if (x*15 + y * 9 + z == 300 && x + y + z == 100) {
                    cout << x << " " << y << " " << z << endl;
                }
            }
        }
    }
    return 0;
}
```

运行结果如下：

```
0 25 75
4 18 78
8 11 81
12 4 84
```

如何优化上述代码呢？最内层循环是小鸡的循环，用来枚举小鸡的数量，其实，只要公鸡和母鸡的数量确定了，小鸡的数量用100-x-y就可以得到。所以最内层的循环是可以去除的。

【百鸡百钱，beta3】

```cpp
#include <iostream>
using namespace std;
int main() {
    int x, y, z;
    for (x = 0; x <= 20; x++) {
        for (y = 0; y <= 33; y++) {
            z = 100 - x - y;
            if (x * 15 + y * 9 + z == 300) {
                cout << x << " " << y << " " << z << endl;
            }
        }
```

```
    }
    return 0;
}
```

运行结果如下：

```
0 25 75
4 18 78
8 11 81
12 4 84
```

运行结果一样，同时运行的次数减少了。

【例2-47】n鸡n钱。

【题目描述】

小明学习"百鸡百钱"题目后，开始思考，如果用120元购买120只鸡，有没有购买方案呢？如果有方案，公鸡、母鸡和小鸡各多少只？

请编程求解：给定n元，购买n只鸡的购买方案数量。

【输入格式】

1行，1个整数n（4≤n≤1000）。

【输出格式】

1行，购买方案数量，如果没有符合条件的方案，则输出字符NO。

【输入样例1】

```
100
```

【输出样例1】

```
4
```

【输入样例2】

```
10
```

【输出样例2】

```
NO
```

【说明】

100元买100只鸡，有以下4种方案。

```
0 25 75
4 18 78
8 11 81
12 4 84
```

10元买10只鸡，没有符合条件的购买方案，所以输出NO。

【分析】

n元买n只鸡，设公鸡x只，母鸡y只，小鸡z只。如果n元全部买公鸡，则最多买n/5只；全部买母鸡，最多买n/3只；全部买小鸡，最多买n*3只。

使用3层循环，可以列出所有组合，再检测这些组合是否符合题意要求。

【n鸡n钱，beta1】

```
#include <iostream>
using namespace std;
```

```
int main() {
    int n,x, y, z,ans=0;
    cin >> n;
    for (x = 0; x <= n/5; x++) {
        for (y = 0; y <= n/3; y++) {
            for (z = 0; z <= n*3; z++) {
                if (x*15 + y*9 + z == n*3 && x + y + z == n) {
                    ans++;
                }
            }
        }
    }
    if(ans){
        cout<<ans;
    }else{
        cout<<"NO";
    }
    return 0;
}
```

beta1 版本的程序还可以通过去掉最内层循环的方式实现优化，代码如下。

【n 鸡 n 钱，beta2】

```
#include <iostream>
using namespace std;
int main() {
    int n,x, y, z,ans=0;
    cin >> n;
    for (x = 0; x <= n/5; x++) {
        for (y = 0; y <= n/3; y++) {
            z=n-x-y;
            if (x*15 + y*9 + z == n*3 ) {
                ans++;
            }
        }
    }
    if(ans){
        cout<<ans;
    }else{
        cout<<"NO";
    }
    return 0;
}
```

【例 2-48】计数问题。

【题目描述】

试计算在区间 1～n 的所有整数中，数字 x（$0 \leqslant x \leqslant 9$）共出现了多少次。例如，在 1～11 中，即在 1、2、3、4、5、6、7、8、9、10、11 中，数字 1 出现了 4 次。

【输入格式】

1 行，包括使用一个空格分隔的 2 个整数 n 和 x。

【输出格式】

1 行，包含一个整数，表示 x 出现的次数。

【输入样例】

11 1

【输出样例】

```
4
```

【数据说明】

对于 100%的数据，1≤n≤1000000，0≤x≤9。

【分析】

1~11 之间，1 出现了 4 次，分别是 1、10、11，数字 11 拆分后为 2 个 1。

输入数据中的 n 是查找的终点。可以使用一个 for 语句，从 1~n，对于每一个数，每次取出最后一位，使用分支语句判断是否==x。

【计数问题】

```cpp
#include <iostream>
using namespace std;
int main() {
    int n, x, t, ans = 0;
    cin >> n >> x;
    for (int i = 1; i <= n; i++) {
        t = i;
        while (t > 0) {
            if (t % 10 == x) {
                ans++;
            }
            t /= 10;
        }
    }
    cout << ans;
    return 0;
}
```

【思考练习】

习题 2-1：均值

【题目描述】

给出一组样本数据，包含 n 个整数，计算其均值，精确到小数点后 4 位。

【输入格式】

有 2 行，第 1 行包括一个整数 n（n≤10000），代表样本容量；第 2 行包括 n 个整数，代表 n 个样本数据，样本数据范围为（-2^{31}~$2^{31}-1$）。

【输出格式】

1 行，包括一个浮点数，表示均值，精确到小数点后 4 位。

【输入样例】

```
2
1 3
```

【输出样例】

```
2.0000
```

【数据规模及约定】

$1 \leqslant n \leqslant 10000$，样本数据范围为（$-2^{31} \sim 2^{31}-1$）。

习题 2-2：最大跨度

【题目描述】

给定一个长度为 n 的非负整数序列，请计算序列的最大跨度值（最大跨度值=最大值-最小值）。

【输入格式】

2 行，第 1 行为序列个数 n（$1 \leqslant n \leqslant 1000$）；第 2 行为序列的 n 个不超过 1000 的非负整数，整数之间使用一个空格分隔。

【输出格式】

1 行，表示序列的最大跨度值。

【输入样例】

```
6
3 0 8 7 5 9
```

【输出样例】

```
9
```

【数据规模及约定】

$1 \leqslant n \leqslant 1000$，不超过 1000 的非负整数。

习题 2-3：最高分数

【题目描述】

刘老师想知道考试中取得的最高分数。因为人数比较多，他准备把这件事情交给计算机来做。你能帮老师解决这个问题吗？

【输入格式】

2 行，第 1 行为整数 n（$1 \leqslant n < 100$），表示参加这次考试的人数；第 2 行是这 n 个学生的成绩，相邻两个数之间使用一个空格分隔。所有成绩均为 $0 \sim 100$ 范围内的整数。

【输出格式】

1 行，一个整数，即最高的成绩。

【输入样例】

```
5
85 78 90 99 60
```

【输出样例】

```
99
```

【数据规模及约定】

$1 \leqslant n < 100$，成绩均为 $0 \sim 100$ 范围内的整数。

习题 2-4：最大温差

【题目描述】

漠河市地处黑龙江省北部，是中国最北端的县级行政区。漠河的冬季最低温度可达-52.3℃，夏季最高气温为 38.3℃。

小明找到了若干条有关漠河市的温度记录，数据精确到小数点后 1 位数字。请你编程统计并输出记录中的最高温度和最低温度的差，并输出最高温度和最低温度出现的日期。

【输入格式】

一共 n+1 行，第 1 行为小明找到的温度记录数量 n（1≤n≤1000）。

第 2 行开始，n 条记录，每条记录以空格分隔日期 d 和当日的最高温度 t1 和最低温度 t2，日期 d 为 8 位数字，温度 t1 和 t2 均为浮点数，小数点后保留了 1 位小数，t1 和 t2 的范围为（-52.3≤t≤38.3）。

【输出格式】

输出以下 3 行。

第 1 行，浮点数，最高温度和最低温度的差，保留 1 位小数。

第 2 行，8 位数字，最高温度出现的日期，如果出现相同温度值，则取日期时间最早的。

第 3 行，8 位数字，最低温度出现的日期，如果出现相同温度值，则取日期时间最早的。

【输入样例】

```
3
20200130 2.1 -5.6
20150319 8.2 -1.0
20190512 17.3 8.1
```

【输出样例】

```
22.9
20190512
20200130
```

习题 2-5：大运奖牌

【题目描述】

2023 年成都大运会，C 国的运动员参与了 n 天的决赛项目（1≤n≤17）。现在要统计 C 国获得的金、银、铜牌数目及总奖牌数。输入第 1 行是 C 国参与决赛项目的天数 n，其后 n 行，每一行是该国某一天获得的金、银、铜牌数目。输出 4 个整数，为 C 国所获得的金、银、铜牌总数及总奖牌数。

【输入格式】

一共 n+1 行，第 1 行是 C 国参与决赛项目的天数 n，其后 n 行，每一行是该国某一天获得的金、银、铜牌数目，使用一个空格分隔。

【输出格式】

1 行，包括 4 个整数，为 C 国所获得的金、银、铜牌总数及总奖牌数，使用一个空格分隔。

【输入样例】

```
3
1 0 3
3 1 0
0 3 0
```

【输出样例】

```
4 4 3 11
```

【数据规模及约定】

1≤n≤17。

习题 2-6：计算表达式的值

【题目描述】

编写程序，输入 n 的值，求如下表达式的值。

$$\frac{1}{1} - \frac{1}{2} + \frac{1}{3} - \frac{1}{4} + \frac{1}{5} - \frac{1}{6} + \frac{1}{7} - \frac{1}{8} + \cdots + (-1)^{n-1}\frac{1}{n}$$

【输入格式】

1 行，一个正整数 n（1≤n≤1000）。

【输出格式】

1 行，一个实数，为表达式的值，保留小数点后 4 位数字。

【输入样例】

```
2
```

【输出样例】

```
0.5000
```

【数据规模及约定】

1≤n≤1000。

习题 2-7：小球弹跳高度

【题目描述】

球从某一高度 h 落下（单位为 m），每次落地后反跳回原来高度的一半，再落下。编程计算球在第 10 次落地时，共经过多少米？第 10 次反弹的高度是多少？

【输入格式】

1 行，一个整数 h，表示球的初始高度。

【输出格式】

包括 2 行，结果保留小数点后 6 位数字。

第 1 行：到球第 10 次落地时，一共经过的距离。

第 2 行：第 10 次弹跳的高度。

【输入样例】

```
1
```

【输出样例】

```
2.996094
0.000977
```

【数据规模及约定】

1≤h≤1000。

习题 2-8：小球弹跳次数

【题目描述】

球从某一高度 h 落下（单位为 m），每次落地后反跳回原来高度的一半，再落下。编程计算球反弹高度小于 1 出现在第几次反弹之后。

【输入格式】

1 行，一个整数 h，表示球的初始高度。

【输出格式】

1 行，一个整数，表示反弹高度小于 1 出现在第几次。

【输入样例】

```
100
```

【输出样例】

```
7
```

【数据规模及约定】

1≤h≤100000。

第 *3* 章

数组和字符串

通常，计算机需要处理的数据量都是极为庞大的，不可能全部通过声明变量来解决大量的数据存储问题。数组是一种特殊的数据结构，用来存储一系列数据。在程序中使用下标访问数组中的不同元素。

字符串也可以看作是一种特殊的字符数组。

3.1 一维数组

一维数组的特征是数组的下标只有一个维度。

3.1.1 数组的声明

声明数组时，需要指定元素的数据类型和元素的数量，基本格式如下。

数据类型 数组名[元素个数]

例如：

```
int a[5];
```

定义了一个整数类型的数组，数组名为 a，数组有 5 个元素。数组元素的下标从 0 开始，所以这 5 个元素分别是 a[0]、a[1]、a[2]、a[3]、a[4]。

数组定义时需要确定元素的最大数量，所以如下语句是错误的：

```
int a[];
```

数组元素的数据类型和数量确定后，这个数组也就可以确定了。数组声明后，会在内存中划定一块连续的存储单元用来保存数组。

声明数组的语句在程序中可以放在主函数外，也可以放在主函数中，声明的位置不同，会导致数组在内存中创建的区域不同。通常建议：将大数组定义在 main() 函数之外。

【例 3-1】数组声明。

```
#include <iostream>
using namespace std;
int a[8];
int main() {
    int b[8];
    cout<<"a:"<<endl;
    for(int i=0;i<8;i++){
        cout<<a[i]<<"\t";
    }
    cout<<"\r\nb:"<<endl;
    for(int i=0;i<8;i++){
        cout<<b[i]<<"\t";
    }
    return 0;
}
```

运行结果如下：

```
a:
0       0       0       0       0       0       0       0
b:
1       0       4254553 0       0       0       49      0
```

【分析】

数组声明在主函数之外，数组元素的初始化值为 0；适用于数组元素比较多时。

数组声明在主函数之内，数组元素无初始化值，元素的值不可确定。

【例 3-2】数组声明中的元素个数。

```
#include <iostream>
using namespace std;
int main() {
    int t[518080] = { 0 };
    cout << "ok";
    return 0;
}
```

运行结果如下：

```
ok
```

【分析】

数组对内存的占用量会随着声明语句中元素个数的增加而增加，例 3-2 中，数组声明在函数内，运行结果为 ok。增加例 3-2 中的元素个数，直到不能输出字符 ok，这时的元素个数就是当前环境下的极限值。

【例 3-3】静态数组声明中的元素个数。

```
#include <iostream>
using namespace std;
int main() {
    static int t[498861616] = { 0 };
    cout << "ok";
    return 0;
}
```

【分析】

在声明数组时，增加关键字 static 后就是静态数组，没有使用 static 关键字的都是动态数组。在相同的环境下，静态数组声明的最大元素个数比动态数组的最大元素个数大。在例 3-3 中，数组 t 是静态数组。通过测试对比相同环境下，静态数组的最大元素个数和动态数组的最大元素个数。

【例 3-4】全局数组声明中的元素个数。

```
#include <iostream>
using namespace std;
int t[498086160] = { 0 };
int main() {
    cout << "ok";
    return 0;
}
```

【分析】

在声明数组时，如果将数组声明语句写在函数之外，这个数组就可以被当前程序的所有函数调用。在例 3-4 中，数组 t 定义在 main()函数之外，t 就是一个全局数组。通过测试对比相同环境下，全局数组的最大元素个数、静态数组的最大元素个数和动态数组的最大元素个数，这三者之间的大小关系。

3.1.2 数组的初始化

声明数组时，可以对数组的元素同时完成初始化，也可以在数组声明后再对数组元素逐个赋值并完成初始化。

【例 3-5】在数组声明的同时完成初始化。

```
#include <iostream>
using namespace std;
int main() {
    int a[] = { 1, 2, 3, 4, 5, 6, 7 };
    cout << "a:" << endl;
    for (int i = 0; i < 7; i++) {
        cout << a[i] << "\t";
    }
    return 0;
}
```

运行结果如下：

```
a:
1       2       3       4       5       6       7
```

【分析】

在声明数组时，可以使用大括号，将数组中各元素的值依次放在大括号内完成初始化。在使用时要注意以下两点。

（1）大括号中的元素个数不能超过数组声明中的元素个数。

例如：

```
int a[5] = { 1, 2, 3, 4, 5, 6, 7 };
```

错误原因：数组声明中的元素个数为 5 个，大括号中有 7 个元素。

（2）数组声明中的元素个数可以省略不写。

例 3-5 中，数组 a 声明语句中没有元素个数，使用大括号中的实际元素个数。

【例 3-6】在数组声明后，完成初始化。

```cpp
#include <iostream>
using namespace std;
int main() {
    int a[5];
    for (int i = 0; i < 5; i++) {
        a[i] = i;
    }
    cout << "a:" << endl;
    for (int i = 0; i < 5; i++) {
        cout << a[i] << "\t";
    }
    return 0;
}
```

运行结果如下：

```
a:
0       1       2       3       4
```

【分析】

在声明数组后，可以使用循环语句将数组中的各元素依次赋值，完成初始化。如果要将数组赋值为 0，还可以参考例 3-7。

【例 3-7】在声明数组后，使用 memset() 函数对数组统一赋值。

```cpp
#include <iostream>
#include <cstring>
using namespace std;
int main() {
    int a[5];
    memset(a, 0, sizeof(a));
    cout << "a:" << endl;
    for (int i = 0; i < 5; i++) {
        cout << a[i] << "\t";
    }
    return 0;
}
```

运行结果如下：

```
a:
0       0       0       0       0
```

【分析】

在声明数组后，可以使用 memset() 函数完成数组的初始化。例 3-7 中的语句 memset(a, 0, sizeof(a));可以将数组 a 中的全部元素初始化为 0。

在使用 memset() 函数时，要注意以下两点。

（1）必须在头文件中引入头文件 cstring。

（2）memset() 函数中间的值 0，可以将数组统一赋值为 0。

基本格式为 memset(数组, 赋值, 大小);。

但是 memset(a, 1, sizeof(a));并不是将数组统一赋值为 1。

数据类型 int 在内存中占用 4 字节，memset()函数将 1 赋值到每字节，对应值的二进制值如下：

00000001 00000001 00000001 00000001

转换为十进制后是 16843009。

使用 memset(a, 2, sizeof(a));对数据进行赋值，赋值后的结果如下：

00000010 00000010 00000010 00000010

转换为十进制后是 33686018。

【例 3-8】在声明数组后，使用 fill()函数对数组统一赋值。

```cpp
#include <iostream>
using namespace std;
int main() {
    int a[5];
    fill(a, a + 5, 1);
    cout << "a:" << endl;
    for (int i = 0; i < 5; i++) {
        cout << a[i] << "\t";
    }
    return 0;
}
```

运行结果如下：

```
a:
1       1       1       1       1
```

【分析】

在声明数组后，可以使用 fill()函数完成数组的初始化。

基本格式为 fill(起点, 终点, 赋值);。

3.1.3 数组应用实例

【例 3-9】数组逆序输出。

【题目描述】

将一个数组中的值按逆序重新存放。例如，原来的顺序为 8、6、5、4、1，逆序输出后为 1、4、5、6、8。

【输入格式】

2 行，第一行是数组中元素的个数 n（1<n<100）；第二行是 n 个整数，每两个整数之间使用空格分隔。

【输出格式】

1 行，输出逆序后数组的整数，每两个整数之间使用空格分隔。

【输入样例】

```
5
8 6 5 4 1
```

【输出样例】

```
1 4 5 6 8
```

【分析】

在定义数组时，需要按照最大元素个数定义，通常需要比最大元素数量多一点。

把 n 个整数依次读入数组中，再从 n−1 开始逆序输出。

【数组逆序输出,beta1】

```cpp
#include <bits/stdc++.h>
using namespace std;
int main() {
    int n, a[110];
    cin >> n;
    for (int i = 0; i < n; i++) {
        cin >> a[i];
    }
    for (int i = n; i > 0; i--) {
        cout << a[i - 1] << " ";
    }
    return 0;
}
```

【例 3-10】一站到底。

【题目描述】

有 n 个人，编号为 1～n。开始时，所有人都站着，接着，第 2 个人及 2 的倍数的人坐下；然后，第 3 个人及 3 的倍数的人按相反的姿势调整（站着的坐下，坐着的站起来）；以此类推，一共操作到第 k 人及 k（$1 \leqslant k \leqslant n \leqslant 10000$）的倍数，问最后哪些人站着？

【输入格式】

1 行，两个整数，人数 n 和操作数 k，使用空格分隔。

【输出格式】

1 行，最后站着的人的编号，使用空格分隔。

【输入样例】

```
7 3
```

【输出样例】

```
1 5 6 7
```

【分析】

声明一个足够大的数组，通常比题目中的最大值要多一点。将这个数组中的所有元素全部初始化为 0，外循环为 2～k，内循环的范围是所有人，遇到当前操作的值或值的倍数，人的动作就调整。

▷ **注意**

这里的动作调整技巧，取相反数。因为 0 是布尔值中的 false，前面加"非"运算符"!"，得到 1；下次再加非，又得到 0。

【一站到底】

```cpp
#include <bits/stdc++.h>
using namespace std;
const int MAXN = 10010;
int main() {
    int a[MAXN];
    int n, k;
    int i, j;
    memset(a, 0, sizeof(a)); //初始化,所有人站着,0代表站,1代表坐
    cin >> n >> k;
    for (int i = 2; i <= k; i++) { //外循环,从2开始,直到k
        for (int j = 1; j <= n; j++) { //检测所有人
            if (j % i == 0) { //是否是2的倍数
                a[j] = !a[j]; //相反
            }
        }
    }
    for (i = 1; i <= n; i++) {
        if (!a[i]) { //0代表站, 1代表坐
            cout << i << " ";
        }
    }
    return 0;
}
```

【例3-11】谁是大歌星。

【题目描述】

学校推出了10名歌手,校学生会想知道这10名歌手受欢迎的程度,设了一个投票箱,让每个学生给自己喜欢的歌手投票。为了方便,学生会把10名歌手使用1~10进行编号,这样学生只用编号进行投票即可。现在,学生会找到你,帮助统计每名歌手获得的票数。

【输入格式】

1行,若干个整数,使用空格分隔,代表喜欢的歌手。

【输出格式】

1行,10个整数,使用空格分隔,编号为1~10歌手的票数。

【输入样例】

2 6 10 3 8 5 5 9 4 7 1 9 4 2 7 8

【输出样例】

1 2 1 2 2 1 2 2 2 1

【分析】

已知投票数据,统计投票,投了谁,谁的票数就加1。例如,投2号,则2号的票数加1;投6号,则6号的票数加1。

如何记录这个操作过程呢?本例题使用数组很好解决,使用数组num记录投票数据,num[i]表示第i个歌手的票数。

投2号,则2号的票数加1,就可以表达为

i=2;num[i]=num[i]+1

投 6 号，则 6 号的票数加 1，就可以表达为

```
i=6;num[i]=num[i]+1
```

最后按要求输出结果即可。

【谁是大歌星】

```cpp
#include <bits/stdc++.h>
using namespace std;
int main() {
    int num[11];
    int i;
    memset(num, 0, sizeof(num));
    while (cin >> i) {
        num[i] = num[i] + 1;
    }
    for (i = 1; i <= 10; i++) {
        cout << num[i] << " ";
    }
    return 0;
}
```

【例 3-12】狐狸找兔子。

【题目描述】

围绕着山顶有 n 个洞（$5 \leq n \leq 1000$），一只狐狸和一只兔子住在各自的洞里，狐狸想吃掉兔子。一天，兔子对狐狸说，"你可以吃我，但有一个条件，先把洞编号，编号为 1～n 号，你从 n 号洞出发，先到 1 号洞找我；第二次隔 1 个洞找我，第三次隔 2 个洞找我，以后依次类推，次数不限，若能找到我，你就可以饱餐一顿。不过在没有找到我以前不能停下来。"

狐狸满口答应，就开始找了。它从早到晚进了 1000 次洞，累得昏了过去，也没找到兔子，请问，兔子躲在几号洞里？

【输入格式】

1 行，山顶洞的数量。

【输出格式】

1 行，输出兔子可能藏身的洞的编号，使用空格分隔。

【输入样例】

```
5
```

【输出样例】

```
2 4
```

【分析】

把山顶的 n 个洞抽象为数组的 n 个元素，想象 n 个洞围绕山顶成一圈，成为一个环状结构。

狐狸从最后一个洞（n 号洞）出发，按兔子的要求查找山洞。遇到山洞编号超出范围时，使用模计算，找到正确的山洞位置。

狐狸进入一个山洞后，改变数组元素为非 0 值（可以使用这个值记录狐狸进入的顺序，也可以简单标记狐狸是否进入过这个洞）。

当狐狸进入一个山洞（不管狐狸之前是否进入过这个洞）时，记录一次进洞。当狐狸进洞次数达到 1000 次后，查看有哪些洞是狐狸没有去过的。

【狐狸找兔子】

```
#include <bits/stdc++.h>
using namespace std;
int main() {
    int n; //洞的数量
    int a[1010] = { 0 };
    int m = 1; //进洞次数
    int i = 1; //进的洞的编号
    cin >> n;
    memset(a, 0, sizeof(a));
    while (m <= 1000) {
        //cout << "第" << n << "次，进了编号" << i << endl;
        a[i] = 1;
        m++;
        i += m;
        i = i % n;
        if (i == 0) {
            i = n;
        }
    }
    for (i = 1; i <= n; i++) {
        if (a[i] == 0) {
            cout << i << " ";
        }
    }
    return 0;
}
```

【例 3-13】最萌身高差。

【题目描述】

校长要统计全校学生的身高中，最大值和最小值的差。

【输入格式】

第一行为 m，表示全校学生人数，整数个数不会大于 10000；第二行为 m 个整数，使用空格分隔，每个整数的绝对值不会大于 230。

【输出格式】

1 行，输出 m 个学生中最大身高值和最小身高值的差。

【输入样例】

```
5
200 175 178 153 186
```

【输出样例】

```
47
```

【分析】

关键点是如何找出最大值和最小值，最优的做法是先将第 1 个值同时给最大值和最小值，如果后面遇到更大的则更新最大值，遇到更小的则更新最小值。

【最萌身高差】

```
#include <bits/stdc++.h>
```

```
using namespace std;
int main() {
    int m, a[10010];
    int min, max;
    cin >> m;
    cin >> a[0];
    min = max = a[0];
    for (int i = 1; i < m; i++) {
        cin >> a[i];
        if (min > a[i]) {
            min = a[i];
        }
        if (max < a[i]) {
            max = a[i];
        }
    }
    cout << max - min;
    return 0;
}
```

【例 3-14】不与最大数相同的数字之和。

【题目描述】

输出一个整数数列中不与最大数相同的数字之和。

【输入格式】

2 行，第一行为 n（n 接下来为数列的个数，n≤100）；第二行为 n 个整数，数与数之间使用一个空格分隔，每个整数的范围是−1000000～1000000。

【输出格式】

1 行，输出为 n 个数中除最大数外的其余数字之和。

【输入样例】

```
3
1 2 3
```

【输出样例】

```
3
```

【分析】

先确定数列中的最大值。再次遇到最大值时，跳过这个最大值，不统计。

【不与最大数相同的数字之和】

```
#include <bits/stdc++.h>
using namespace std;
int main() {
    int n, max, a[110];
    long long sum = 0;
    cin >> n;
    cin >> a[0];
    sum = max = a[0];
    for (int i = 1; i < n; i++) {
        cin >> a[i];
        if (max < a[i]) {
            max = a[i];
        }
        sum += a[i];
    }
```

```
    for (int i = 0; i < n; i++) {
        if (max == a[i]) {
            sum -= max;
        }
    }
    cout << sum;
    return 0;
}
```

【例 3-15】白细胞计数。

【题目描述】

医院采样了某临床病例治疗期间的白细胞数量样本 n 份，用于分析某种新抗生素对该病例的治疗效果。为了降低分析误差，要先从这 n 份样本中去除一个数值最大的样本和一个数值最小的样本，然后将剩余 n−2 个有效样本的平均值作为分析指标。同时，为了观察该抗生素的疗效是否稳定，还要给出该平均值的误差，即所有有效样本（即不包括已扣除的两个样本）与该平均值之差的绝对值的最大值。

现在请你编写程序，根据提供的 n 个样本值，计算出该病例的平均白细胞数量和对应的误差。

【输入格式】

输入的第一行是一个正整数 n（2<n≤300），表明共有 n 个样本。

以下共有 n 行，每行为一个浮点数，为对应的白细胞数量，其单位为 10^9/L。数与数之间使用一个空格分隔。

【输出格式】

1 行，两个浮点数，中间使用一个空格分隔，分别为平均白细胞数量和对应的误差，单位也是 10^9/L。计算结果需保留小数点后 2 位数字。

【输入样例】

```
5
12.0
13.0
11.0
9.0
10.0
```

【输出样例】

```
11.00 1.00
```

【分析】

先确定样本的最大值和最小值，找的过程同时记录最大值和最小值的位置。同时对样本求和。

确定最大值和最小值之后，除去最大值和最小值，将剩余的数据求出平均值。

排除最大值和最小值的样本之后，计算平均值的误差。

要注意最大值和最小值都只排除一次。

【白细胞计数】

```
#include <bits/stdc++.h>
using namespace std;
```

```
int main() {
    int n;
    double a[310], max_v, min_v, avg = 0, t;
    int max_i, min_i; //记录最大值和最小值的下标
    cin >> n;
    cin >> a[0];
    avg = max_v = min_v = a[0];
    for (int i = 1; i < n; i++) {
        cin >> a[i];
        if (max_v < a[i]) {
            max_v = a[i];
            max_i = i;
        }
        if (min_v > a[i]) {
            min_v = a[i];
            min_i = i;
        }
        avg += a[i];
    }
    //cout<<"avg="<<avg<<endl;
    avg -= max_v;
    avg -= min_v;
    avg = avg / (n - 2);
    max_v = 0; //重复使用变量 max_v 保存平均值的误差
    for (int i = 0; i < n; i++) {
        if (i != max_i && i != min_i) {
            t = abs(avg - a[i]);
            if (max_v < t) {
                max_v = t;
                //cout<<"max_v="<<max_v<<endl;
            }
        }
    }
    printf("%.2f %.2f", avg, max_v);
    return 0;
}
```

【例 3-16】最长平台。

【题目描述】

已知一个已经从小到大排序的数组，这个数组的一个平台（plateau）就是连续的一串值相同的元素，并且这一串元素不能再延伸。例如，在 1、2、2、3、3、3、4、5、5、6 中 1、2-2、3-3-3、4、5-5、6 都是平台。试编写一个程序，接收一个数组，把这个数组最长的平台找出来。在上面的例子中 3-3-3 就是最长的平台。

【输入格式】

第一行有一个整数 n，为数组元素的个数；第二行有 n 个整数，整数之间使用一个空格分隔。

【输出格式】

1 行，最长平台的长度。

【输入样例】

```
10
1 2 2 3 3 3 4 5 5 6
```

【输出样例】

3

【分析】

按顺序读取后，记录上一次的数据，如果这一次的数据和上一次的数据不一样，则说明是一个新的平台。如果这一次的数据和上一次的数据一样，则平台长度增加 1，平台长度改变后，需要立刻和原有的最长平台长度进行比较。如果比原有最长平台的长度大，则记录下最新的记录。

【最长平台】

```cpp
#include<bits/stdc++.h>
using namespace std;
int a[100000];
int main() {
    int n;
    int pre, max = 0, len = 1;
    cin >> n;
    cin >> a[0]; //读取第 1 个数据
    pre = a[0];
    for (int i = 1; i < n; i++) {
        cin >> a[i];
        if (pre == a[i]) { //和上一个数字相同
            len++;
        } else {
            len = 1; //不相同,重新计数
        }
        if (len > max) {
            max = len; //记录更长的平台长度
        }
        //cout<<"n="<<n<<"i="<<i<<",a[i]="<<a[i]<<",len="
<<len<<",max="<<max<<endl;
        pre = a[i];
    }
    cout << max;
    return 0;
}
```

【例 3-17】铺地毯。

【题目描述】

为了准备一个独特的颁奖典礼，组织者在会场的一片矩形区域（可看作是平面直角坐标系的第一象限）铺上一些矩形地毯。一共有 n 张地毯，编号为 1～n。现在将这些地毯按照编号从小到大的顺序平行于坐标轴先后铺设，后铺的地毯覆盖在前面已经铺好的地毯之上。地毯铺设完成后，组织者想知道覆盖地面某个点的最上面的那张地毯的编号。

 注意

在矩形地毯边界和 4 个顶点上的点也算被地毯覆盖。

样例说明：如图 3-1 所示，1 号地毯用实线表示，2 号地毯用虚线表示，3 号用双实线表示，覆盖点（2,2）的最上面一张地毯是 3 号地毯。

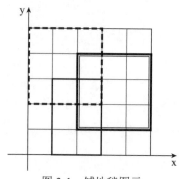

图 3-1　铺地毯图示

覆盖点（4,5）的最上面没有一张地毯。

【输入格式】

第一行，一个整数 n，表示总共有 n 张地毯。

接下来的 n 行中，第 i+1 行表示编号 i 的地毯的信息，包含 4 个正整数 a、b、g、k。每两个整数之间使用一个空格分隔，分别表示铺设地毯的左下角的坐标（a,b）及地毯在 x 轴和 y 轴方向的长度。

第 n+2 行包含两个正整数 x 和 y，表示所求地面的点的坐标（x,y）。

【输出格式】

1 行，一个整数，表示所求的地毯的编号；若此处没有被地毯覆盖则输出−1。

【输入样例 1】

```
3
1 0 2 3
0 2 3 3
2 1 3 3
2 2
```

【输出样例 1】

```
3
```

【输入样例 2】

```
3
1 0 2 3
0 2 3 3
2 1 3 3
4 5
```

【输出样例 2】

```
−1
```

【数据范围】

全部数据，1≤n≤10000。

【分析】

这个题目貌似必须使用二维数组解决，仔细分析，可以发现，只需要统计一个点的地毯覆盖情况。

对于每一个地毯数据，都可以明确知道，这个点是否在地毯范围内。

依次检测每一组地毯数据，如果能覆盖这个点，就记录。

【铺地毯】

```cpp
#include <bits/stdc++.h>
using namespace std;
int main() {
    //n 表示地毯数量,x 和 y 表示所求地面点的坐标
    int n, x, y;
    //a 和 b 表示铺设地毯的左下角的坐标,g 和 k 表示地毯在 x 轴和 y 轴方向的长度
    int a[10001], b[10001], g[10001], k[10001];
    int ans = -1; //没有找到则输出-1
    cin >> n;
    for (int i = 0; i < n; i++) {
        cin >> a[i] >> b[i] >> g[i] >> k[i];
    }
    cin >> x >> y;
    for (int i = 0; i < n; i++) {
        if ((x >= a[i] && x <= a[i] + g[i])
            && (y >= b[i] && y <= b[i] + k[i])) {//如果坐标在矩形内
            ans = i + 1;
        }
    }
    cout << ans << endl;
    return 0;
}
```

3.2 字符数组和字符串

数组元素的数据类型可以是整型，也可以是字符型、布尔型或浮点型。数组元素为字符类型的数组就是字符数组，字符串常常也可以视为字符数组。

3.2.1 字符信息的读取

【例 3-18】字符数组和字符串。

字符数组 a 在右侧列出了初始化的字符，字符数组 b 使用字符串初始化。对于字符数组的输出可以采用以下代码中的 3 种方法。

```cpp
#include <bits/stdc++.h>
using namespace std;
int main() {
    char a[] = { 'H', 'e', 'l', 'l', 'o' };
    char b[13] = { "Hello,World!" };
    //输出字符数组的方法1
    puts(a);
    puts(b);
    //输出字符数组的方法2
    cout << a << endl;
    cout << b << endl;
    //输出字符数组的方法3
```

```
    cout << "a:";
    for (int i = 0; i < strlen(a); i++) {
        cout << a[i];
    }
    cout << endl;
    cout << "b:";
    for (int i = 0; i < strlen(b); i++) {
        cout << b[i];
    }
    cout << endl;
    //输出字符数组的长度
    cout << "strlen(a)=" << strlen(a) << endl;
    cout << "strlen(b)=" << strlen(b) << endl;
    return 0;
}
```

运行结果如下：

```
Hello
Hello,World!
Hello
Hello,World!
a:Hello
b:Hello,World!
strlen(a)=5
strlen(b)=12
```

在这段代码中，需要特别注意的是字符数组的元素数量。

```
    char b[13] = { "Hello,World!" };
```

从代码中可以看出，数组 b 有 13 个数组元素；如果把数组元素数量修改为 12，则程序运行时会报错，提示字符数组的初始值小于实际的字符串长度。右侧字符串"Hello,World!"长度虽然是 12，但是字符串最后有一个特殊字符'\0'，是字符串结束的标记，所以实际长度应该是 13。

以下部分使用文本文件 data.in 作为输入文件，其内容如下。

```
this is first line
this is second line
```

【例 3-19】字符数组读取方式 1。

使用 cin 从标准输入读取字符数组，读取后使用 strlen 读取字符串中的字符数，使用时要注意 cin 在遇到空格符、回车符、Tab 符时会停止读取。

```
#include <bits/stdc++.h>
using namespace std;
int main() {
    freopen("data.in", "r", stdin);
    char s1[20];
    char s2[20];
    cin >> s1;
    cin >> s2;
    cout << "s1=" << s1 << endl;
    printf("s2=%s\n", s2);
    cout<<"数组 s1 长度,strlen(s1)="<<strlen(s1)<<endl;
    printf("数组 s2 长度,strlen(s2)=%d\n", strlen(s2));
    printf("数组 s2 总空间,sizeof(s2)=%d\n", sizeof(s2));
    return 0;
```

```
}
```

运行结果如下：

```
s1=this
s2=is
数组 s1 长度,strlen(s1)=4
数组 s2 长度,strlen(s2)=2
数组 s2 总空间,sizeof(s2)=20
```

例 3-19 的代码中的

```
cin >> s1;
cin >> s2;
```

可以替换为

```
scanf("%s", s1);
scanf("%s", s2);
```

或者

```
scanf("%s", &s1[0]);
scanf("%s", &s2[0]);
```

运行结果不变。

在例 3-19 的代码中，数组的名称 s1 表示数组的地址，数组的地址也是数组首元素的地址。s1[0]是数组的第一个元素，&是取地址操作，所以&s1[0]表示数组首元素的地址，也是数组的地址，和 s1 是一样的。

```
cout << "s1=" << s1 << endl;
printf("s2=%s\n", s2);
```

上述代码中的两种输出方式都可以正常输出字符数组。

> **注意**
>
> strlen(s1)和 sizeof(s2)读取到的长度意义不一样，strlen(s1)是数组的实际占有大小，sizeof(s2)是数组的可以容纳的总量。

【例 3-20】字符数组读取方式 2。

gets/fgets 表示从标准输入读取到字符数组，以回车符结束读取。使用 strlen 读取字符数组中的元素个数。

使用 gets 读取字符数组时不需要指定最大字符数，即使读取的内容超出了字符数组的最大范围，也会向字符数组继续写入，有内存越界的隐患，会造成栈溢出问题。

使用 fgets 读取字符数组时必须指定最大读取数量。fgets 自动在末尾加上结束符\0，如果读取到回车符\n，读取工作将会停止，记录下\n，并在后面加上\0。

使用时要注意：fgets 读取的字符数组比实际长度大 1，多的这个字符就是\0。

【gets 读取实例】

```
#include <bits/stdc++.h>
using namespace std;
int main() {
```

```
    char s[255];
    freopen("data.in", "r", stdin);
    for (int i = 0; i < 2; i++) {
        gets(s);
        puts(s);
        cout << "当前 s 长度:" << strlen(s) << endl;
    }
    return 0;
}
```

运行结果如下：

```
this is first line
当前 s 长度:18
this is second line
当前 s 长度:19
```

【fgets 读取实例】

```
#include <bits/stdc++.h>
using namespace std;
int main() {
    char s[255];
    freopen("data.in", "r", stdin);
    for (int i = 0; i < 2; i++) {
        fgets(s, 255, stdin);
        fputs(s, stdout);
        cout << "当前 s 长度:" << strlen(s) << endl;
    }
    return 0;
}
```

运行结果如下：

```
this is first line
当前 s 长度:19
this is second line 当前 s 长度:19
```

【例 3-21】字符串读取方式 1。

cin 可以将读取到的字符串保存到 string 类型，同样遇到空格符、回车符、Tab 符时会停止读取，使用 size() 读取字符串中的字符数。在使用 printf 输出字符串内容时，需要注意代码中加入了一个 c_str() 函数。

```
#include <bits/stdc++.h>
using namespace std;
int main() {
    freopen("data.in", "r", stdin);
    string s1, s2;
    cin >> s1;
    cin >> s2;
    cout << "s1=" << s1 << endl;
    printf("s1=%s\n", s1.c_str());
    cout << "s2=" << s2 << endl;
    printf("s2=%s\n", s2.c_str());
    cout<<"数组 s1 长度,strlen(s1)="<<s1.size()<<endl;
    printf("数组 s1 长度,strlen(s1)=%d\n", strlen(s1.c_str()));
    cout<<"数组 s2 长度,strlen(s2)="<<s2.size()<<endl;
    printf("数组 s2 长度,strlen(s2)=%d\n", strlen(s2.c_str()));
    return 0;
}
```

运行结果如下：

```
s1=this
s1=this
s2=is
s2=is
数组 s1 长度,strlen(s1)=4
数组 s1 长度,strlen(s1)=4
数组 s2 长度,strlen(s2)=2
数组 s2 长度,strlen(s2)=2
```

【例 3-22】字符串读取方式 2。

在例 3-21 的代码中，使用的是 cin 语句读取字符串，也可以使用 scanf 读取字符串，scanf 和 cin 输入时一样，遇到空格符、回车符、Tab 符时会停止读取。在输出和统计长度时要注意：需要使用 c_str() 函数转换后再输出。在计算字符串的长度时，不能直接使用 size() 函数，需要使用 strlen(s1.c_str()) 函数。

```cpp
#include <bits/stdc++.h>
using namespace std;
int main() {
    freopen("data.in", "r", stdin);
    string s1, s2;
    scanf("%s", &s1[0]);
    scanf("%s", &s2[0]);
    cout << "s1=" << s1.c_str() << endl;
    printf("s1=%s\n", s1.c_str());
    cout << "s2=" << s2.c_str() << endl;
    printf("s2=%s\n", s2.c_str());
    cout<<"错误的读取方式: s1.size()="<<s1.size()<<endl;
    cout<<"strlen(s1.c_str())="<<strlen(s1.c_str())<<endl;
    printf("strlen(s1.c_str())=%d\n", strlen(s1.c_str()));
    cout<<"strlen(s2.c_str())="<<strlen(s2.c_str())<<endl;
    printf("strlen(s2.c_str())=%d\n", strlen(s2.c_str()));
    return 0;
}
```

运行结果如下：

```
s1=this
s1=this
s2=is
s2=is
错误的读取方式: s1.size()=0
strlen(s1.c_str())=4
strlen(s1.c_str())=4
strlen(s2.c_str())=2
strlen(s2.c_str())=2
```

【例 3-23】字符串读取方式 3。

getline 指定读取整行内容到字符串，以回车符结束读取，字符串（string）中的字符数可以使用 size() 函数读取。

输出时，可以直接使用 cout 语句；如果需要使用 puts 方法输出，则需要添加 c_str() 函数转换。

```cpp
#include <bits/stdc++.h>
using namespace std;
int main() {
```

```
    string s;
    freopen("data.in", "r", stdin);
    for (int i = 0; i < 2; i++) {
        getline(cin, s);
        printf("读取到的内容：%s\n长度为：%d\n", s.c_str(), s.size());
        //以下输出方法效果相同
        cout << s << endl;
    }
    return 0;
}
```

运行结果如下：

```
读取到的内容：this is first line
长度为：18
this is first line
读取到的内容：this is second line
长度为：19
this is second line
```

【例 3-24】有关字符串的容量的函数。

使用时要注意字符串的最大容量，不同的编译器，string 的长度也不同，可以使用 max_size()查询。

```
#include <bits/stdc++.h>
using namespace std;
int main() {
    string s="hello,world!";
    cout << "s.max_size()=" << s.max_size() << endl;
    cout << "s.capacity()=" << s.capacity() << endl;
    cout << "s.size()=" << s.size() << endl;
    cout << "s.length()=" << s.length() << endl;
    return 0;
}
```

运行结果如下：

```
s.max_size()=4611686018427387897
s.capacity()=12
s.size()=12
s.length()=12
```

capacity()是当前 string 类型能保持的大小；size()和 length()的效果相同，返回字符串已经使用的大小；max_size()是当前系统中 string 类型的最大字符数。

3.2.2　字符数组和字符串应用实例

【例 3-25】统计单行字符中数字字符的个数。

【题目描述】

输入一行字符，统计出其中数字字符的个数。

【输入格式】

1 行，总长度不超过 255 的字符串。

【输出格式】

1 行，输出字符串中数字字符的个数。

【输入样例】

```
This year is 2021
```

【输出样例】

```
4
```

【分析】

输入样例中有空格，首先排除使用 cin 输入。要正确输入空格，可以使用 gets 或 getline。需要注意：使用 gets 时，需要定义为字符数组；使用 getline 时，需要定义为字符串。

字符数组的元素是字符类型，字符类型在保存时都是保存对应的 ASCII 码。将字符串读取到字符数组中，再逐一检查数组中的每一个字符对应的 ASCII 码，如果 ASCII 码在字符 0 和字符 9 之间，则可以认定为数字，使用计数器统计数量。

【统计单行字符中数字字符的个数，beta1，使用 gets 和字符数组】

```cpp
#include <bits/stdc++.h>
using namespace std;
int main() {
    freopen("data.in", "r", stdin);
    char a[260];
    int ans = 0;
    //fgets(a, 255, stdin);
    gets(a);
    cout<<a<<endl;
    for (int i = 0; i < strlen(a); i++) {
        if (a[i] >= '0' && a[i] <= '9') {
        //if (isdigit(a[i])) {
            ans++;
        }
    }
    cout << ans;
    return 0;
}
```

上述代码中，只读取 1 行字符，使用 fgets 和 gets 没有差别。

两个语句 fgets(a, 255, stdin);和 gets(a);的作用完全一致。

语句 a[i] >= '0' && a[i] <= '9'和 isdigit(a[i])的作用一致，都可以判断字符 a[i]是否是数字字符。

处理多行数据时，要注意不同语句对于"行"的处理方式不同。

【统计单行字符中数字字符的个数，beta2，使用 getline 和字符串】

```cpp
#include <bits/stdc++.h>
using namespace std;
int main() {
    freopen("data.in", "r", stdin);
    string a;
    int ans = 0;
    getline(cin,a);
    cout<<a<<endl;
    for (int i = 0; i < a.size(); i++) {
        if (a[i] >= '0' && a[i] <= '9') {
        //if (isdigit(a[i])) {
            ans++;
        }
```

```
    }
    cout << ans;
    return 0;
}
```

上述代码中，使用 getline 读取数据，需要定义为字符串，对应的字符串大小使用 size() 读取。

例 3-25 是统计 1 行字符，下面来看统计多行字符的情况。

【例 3-26】统计多行字符中数字字符的个数。

【题目描述】

输入多行字符，统计每行字符中数字字符的个数。

【输入格式】

第 1 行，数字 n，需要处理的字符行数；第 2 行到第 n+1 行，每行都是长度不超过 255 的字符串。

【输出格式】

1 行，使用空格分隔的 n 个数字，第 2 行到第 n+1 行，每行字符串中数字字符的个数。

【输入样例】

```
2
This year is 2021
This is line 2, which contains fewer digital characters
```

【输出样例】

```
4
1
```

【分析】

将输入样例保存到测试点文件 data.in 中，先读取行数 n，再使用循环读取所有行，每次处理 1 行。

【统计多行字符中数字字符的个数，beta1，使用 gets 和字符数组】

```cpp
#include <bits/stdc++.h>
using namespace std;
int main() {
    freopen("data.in", "r", stdin);
    char a[260];
    int n, ans;
    cin >> n;
    for (int i = 0; i < n; i++) {
        ans = 0;
        gets(a);
        cout << a <<endl;
        for (int i = 0; i < strlen(a); i++) {
            if (isdigit(a[i])) {
                ans++;
            }
        }
        cout << ans << endl;
    }
    return 0;
}
```

运行结果如下：

```
0
4
```

运行结果和预期不一致，为了分析具体出错原因，在读取后添加一条用于调试的输出语句 cout << a <<endl;。

运行结果如下：

```
0
This year is 2021
4
```

分析结果发现，第 1 行输出为空白，第 2 次输出才是第 1 行字符的内容。原因是因为第 1 个读取数字语句 cin >> n;在读取后，还有一个换行符。在 cin >> n;语句后加上一个读取字符语句 getchar();，程序的运行结果如下：

```
This year is 2021
4
This is line 2, which contains fewer characters
1
```

去掉调试用的 cout << a <<endl;语句后，程序的运行结果如下：

```
4
1
```

beta1 版本代码中使用 gets 读取字符数组，还可以通过 getline 语句从标准输入中读取字符串。

【统计多行字符中数字字符的个数，beta2，使用 getline 和字符串】

```cpp
#include <bits/stdc++.h>
using namespace std;
int main() {
    freopen("data.in", "r", stdin);
    string a;
    int n, ans;
    cin >> n;
    getchar();
    for (int i = 0; i < n; i++) {
        ans = 0;
        getline(cin,a);
        //cout << a <<endl;
        for (int i = 0; i < a.size(); i++) {
            if (isdigit(a[i])) {
                ans++;
            }
        }
        cout << ans << endl;
    }
    return 0;
}
```

【例 3-27】查找第一个只出现一次的字符。

【题目描述】

给定一个只包含小写字母的字符串，请你找到第一个只出现一次的字符。如果没有，则输出字符 no。

【输入格式】

1 行，字符串，长度小于 100000。

【输出格式】

1 行，输出第一个只出现一次的字符，若没有则输出字符 no。

输出时，末尾的多余空格不影响答案的正确性。

【输入样例】

abcabd

【输出样例】

c

【分析】

本题的目标是找到第一个只出现一次的字符，先将字符读取到字符数组。然后从字符数组的左侧开始，检查字符是否在数组的其他位置出现过，如果遇到第一个只出现了一次的字符，则终止检查，并输出字符。

【查找第一个只出现一次的字符】

```cpp
#include <iostream>
#include <cstdio>
#include <cstring>
using namespace std;
int main() {
    char a[100010];
    bool sign = 0;
    int ans = 0, i, j;
    gets(a);
    for (i = 0; i < strlen(a); i++) {
        bool flag = 0;
        for (j = 0; j < strlen(a); j++) {
            if (i != j && a[i] == a[j]) {
                flag = 1;
                break;
            }
        }
        if (!flag) {
            cout << a[i];
            sign = 1;
            break;
        }
    }
    if (!sign) {
        cout << "no";
    }
    return 0;
}
```

【例 3-28】 石头剪刀布。

【题目描述】

石头剪刀布，是起源于中国的猜拳游戏，然后随着亚欧贸易的不断发展传到了欧洲，到了近现代逐渐风靡世界。中国和韩国一般称其为"石头、剪刀、布"，而日本人称其为"石头、剪子、纸"，美洲、欧洲的翻译为 Rock、Paper、Scissors。

简单明了的规则，使石头剪刀布没有任何规则漏洞可钻，单次玩法比拼运气，多回合玩法比拼心理博弈，使石头剪刀布这个古老的游戏同时具备"意外"与"技术"两种特性。

游戏规则：石头打剪刀，布包石头，剪刀剪布。

现在，需要编写一个程序来判断石头剪刀布游戏的结果。

【输入格式】

n+1 行：第一行是一个整数 n，表示一共进行了 n 次游戏，1≤n≤100；接下来 n 行的每一行包括两个字符串，表示游戏参与者 Player1 和 Player2 的选择（石头、剪刀或布）。

S1 和 S2 字符串之间使空格分隔，S1 和 S2 只可能取值在{"Rock","Scissors","Paper"}（大小写敏感）中。

【输出格式】

n 行，每一行对应一个胜利者 Player1 或 Player2；若游戏出现平局，则输出 Tie。

【输入样例】

```
3
Rock Scissors
Paper Paper
Rock Paper
```

【输出样例】

```
Player1
Tie
Player2
```

【分析】

需要处理两种类型的数据，整数和字符数组。字符数组还有一个特点是 1 行有 2 个字符串，分别代表游戏者 Play1 和 Play2 的选择。选择只能是 3 个选项中的 1 个。

使用 cin 读取整数，后面使用一个 getchar，将末尾的\n 读取掉。

这时有两种处理方式：第 1 种是使用 gets（回车符结束读取）将 Play1 和 Play2 的选择作为 1 行字符串读取；第 2 种是使用 cin（空格符或回车结束读取）分别读取 Play1 和 Play2 的输入。

第 1 种处理方式，需要使用空格作为分隔符，重新分析输入的数据。第 2 种处理方式，可以直接使用读取到的两个字符串。所以明显第 2 种方式要简单一些。

在判断 Play1 和 Play2 的胜负关系时，由于 3 个选项的首字符各不相同，可以使用首字符判断。如果首字符一样，则肯定是平局。再排除 Play1 胜利的情况，剩下的应该是 Play2 胜利的情况。

【石头剪刀布】

```cpp
#include <iostream>
#include <cstdio>
#include <cstring>
using namespace std;
int main() {
    int n;
    char s1[10], s2[10];
    cin >> n;
    getchar();
```

```
for (int i = 0; i < n; i++) {
    //scanf("%s", s1);
    //scanf("%s", s2);
    cin >> s1;
    cin >> s2;
    if (s1[0] == s2[0]) {
        cout << "Tie" << endl;
    } else if ((s1[0] == 'R' && s2[0] == 'S')
            || (s1[0] == 'S' && s2[0] == 'P')
            || (s1[0] == 'P' && s2[0] == 'R')) {
        cout << "Player1" << endl;
    } else {
        cout << "Player2" << endl;
    }
}
return 0;
}
```

【例 3-29】判断回文。

【题目描述】

一串字符如果从左读和从右读完全相同，则称为回文。判断输入的一串字符是否是回文，若是则输出 YES，否则输出 NO。字符串长度 n 不超过 1000 位。

【输入格式】

1 行，1 串长度不超过 1000 的字符串。

【输出格式】

1 行，回文输出 YES，否则输出 NO。

【输入样例】

```
eye
```

【输出样例】

```
YES
```

【分析】

根据回文的定义，对于一串 n 位的字符，如果能确定这串字符的第 1 位=第 n 位，第 2 位=第 n−1 位，……一直到中间位置，每一对字符都相等，那么这串 n 位的字符就是回文。如果中间出现不相等的情况，则这串 n 位的字符就不是回文。

【判断回文】

```
#include <iostream>
#include <cstdio>
#include <cstring>
using namespace std;
int main() {
    char a[1010];
    int i = 0, j = 0;
    freopen("4.in", "r", stdin);
    gets(a);
    i = 0;
    j = strlen(a) - 1;
    //cout << "1:i=" << i << ",j=" << j << endl;
    while (a[i] == a[j] && i <= j) {
        cout << "比较了:" << a[i] << ":" << a[j] << endl;
        i++;
```

```
        j--;
    }
    //cout << "2:i=" << i << ",j=" << j << endl;
    if (j < i) {
        cout << "YES";
    } else {
        cout << "NO";
    }
    return 0;
}
```

【说明】

先读入字符串到字符数组中，变量i指向字符数组的第1个元素，变量j指向字符数组的最后一个元素，然后从字符串的两头分别向中间位置比较，如果首尾字符相同，继续比较，直到出现不同，或者全部比较完成。

【例3-30】友好字符串。

【题目描述】

友好字符串 s1 定义如下：给定字符串 s 的第一个字符的 ASCII 值加第二个字符的 ASCII 值，得到第一个友好字符；给定字符串 s 的第二个字符的 ASCII 值加第三个字符的 ASCII 值，得到第二个友好字符；以此类推，直到给定字符串 s 的倒数第二个字符。友好字符串的最后一个字符由给定字符串 s 的最后一个字符 ASCII 值加 s 的第一个字符的 ASCII 值。

求给定字符串 s 的友好字符串 s1。

【输入格式】

1行，一个长度大于等于2、小于等于100的字符串。字符串中每个字符的ASCII值不大于63。

【输出格式】

1行，为变换后的友好字符串。输入的数据保证变换后的字符串只有一行。

【输入样例】

```
1234
```

【输出样例】

```
cege
```

【分析】

设原始字符串为 s、长度为 n，目标字符串为 t，根据友好字符串的定义有

```
t[i]=s[i]+s[i+1],(i≠n-1)
t[i]=s[i]+s[0],(i=n-1)
```

上述代码中的数组是基于 0 开始的序列，n 个元素，最后一个元素的下标是 n-1。

 注意

字符数组要初始化。

【友好字符串】

```cpp
#include <iostream>
#include <cstdio>
#include <cstring>
using namespace std;
int main() {
    int len;
    char s[110] = { 0 }, t[110] = { 0 };
    gets(s);
    len = strlen(s);
    for (int i = 0; i < len - 1; i++) {
        t[i] = s[i] + s[i + 1];
    }
    t[len - 1] = s[len - 1] + s[0];
    cout << t;
    return 0;
}
```

【例3-31】合法标识符。

【题目描述】

给定一个不包含空白符的字符串，请判断是否是 C++ 语言合法的标识符号（注意：题目保证这些字符串一定不是 C++ 语言的保留字）。

C++ 语言标识符的要求如下。

（1）非保留字。

（2）只包含字母、数字及下画线（"_"）。

（3）不以数字开头。

【输入格式】

1 行，包含一个字符串，字符串中不包含任何空白字符，且长度不大于 20。

【输出格式】

1 行，如果它是合法标识符，则输出 yes，否则输出 no。

【输入样例】

```
kdiek{Ucp
```

【输出样例】

```
no
```

【分析】

按题意，字符串不会是保留字。只需要确保符合第个 2 条件和第个 3 条件即可。

第 3 个条件比较简单，只需要检查第 1 个字符，其 ASCII 码如果在 0～9 范围内，就不合法（不合法的情况 1）。第 2 个条件比较复杂，要求所有字符只能是数字、字母或下画线。

符合条件的值可能出现在 3 个区间和 1 个点中。

数据区间 1（数字字符）：'0' ～ '9'。

数据区间 2（大字字母）：'A' ～ 'Z'。

数据区间 3（小写字母）：'a' ～ 'z'。

一个数据点（下画线）：'_'。

符合条件的检测条件描述：区间 1 或区间 2 或区间 3 或点。

相反，在这个条件外添加非运算的逻辑表达式就是不合法的，即!(区间 1 或区间 2 或区间 3 或点)（不合法的情况 2）。

以上分析确定了两种不合法的情况，排除这两种情况后，其他情况都是合法的情况。

【合法标识符】

```cpp
#include <iostream>
#include <cstdio>
#include <cstring>
using namespace std;
int main() {
    int len;
    char s[22] = { 0 };
    freopen("legal.in", "r", stdin);
    gets(s);
    len = strlen(s);
    if (s[0] >= '0' && s[0] <= '9') {
        cout << "no" << endl;
        return 0;
    }
    for (int i = 0; i < len; i++) {
        if (!( (s[i] >= '0' && s[i] <= '9')
                || (s[i] >= 'A' && s[i] <= 'Z')
                || (s[i] >= 'a' && s[i] <= 'z')
                || s[i] == '_') ) {
            cout << "no" << endl;
            return 0;
        }
    }
    cout << "yes" << endl;
    return 0;
}
```

【例 3-32】计算表达式。

【题目描述】

任意两个整数的加法表达式，计算并输出结果。

【输入格式】

1 行，两个整数的加法表达式。

【输出格式】

1 行，表达式的计算结果。

【输入样例】

12+13

【输出样例】

25

【分析】

加法计算并不难，本题的难点是从表达式中分离出加法的两个整数。由于整数的位数并没有限定，所以不能使用长度分离。

考虑以加号为分隔点，加号前后是不同的整数。

【计算表达式】

```cpp
#include <iostream>
#include <cstdio>
#include <cstring>
using namespace std;
int main() {
    char str[10] = { 0 };
    int a = 0, b = 0;
    freopen("calculation.in", "r", stdin);
    gets(str);
    //scanf("%s", &str[0]);
    //printf("内容: %s\n", str);
    //printf("长度: %d\n", strlen(str));
    int i = 0;
    while (str[i] != '+') {
        a = a * 10 + str[i] - '0';
        i++;
    }
    i++;
    //cout<<"i="<<i<<endl;
    while (i < strlen(str)) {
        b = b * 10 + str[i] - '0';
        i++;
    }
    //cout<<"a="<<a<<endl;
    //cout<<"b="<<b<<endl;
    cout << a + b;
    return 0;
}
```

【说明】

代码中的注释内容，有助于理解程序的运行过程，取消注释后，运行程序，可以提供调试用信息。

【例 3-33】相似的基因。

【题目描述】

基因是产生一条多肽链或功能 RNA 所需的全部核苷酸序列，该序列由两条互补的碱基链以双螺旋的方式结合而成。构成此基因序列的碱基共有 4 种，分别为腺嘌呤（A）、鸟嘌呤（G）、胸腺嘧啶（T）和胞嘧啶（C）。

为了获知基因序列在功能和结构上的相似性，经常需要将几条不同的序列进行比对，以判断基因是否相似。

现比对两条长度相同的基因序列。首先定义两条序列相同位置的碱基为一个碱基对，若一个碱基对中的两个碱基相同，则称为相同碱基对。接着计算相同碱基对占总碱基对数量的比例，如果该比例大于或等于给定阈值，则判定该两条基因序列相似，否则不相似。

【输入格式】

3 行。第一行为 1 个[0,1]范围内的实数，表示用来判定出两条基因序列是否相似的阈；随后两行是两条基因序列的核苷酸排列顺序（长度不大于 500）。

【输出格式】

1 行，若两条基因序列相关，则输出 yes，否则输出 no。输出时末尾的多余空格，不影响答案的正确性。

【输入样例】

```
0.85
ATCGCCGTAAGTAACGGTTTTAAATAGGCC
ATCGCCGGAAGTAACGGTCTTAAATAGGCC
```

【输出样例】

```
yes
```

【分析】

读取需要处理的数据，即实数和字符数组。

声明数组时要注意数组的长度取题目中的最大长度 500。

实数可以使用 cin 语句获取，可以读取到第一行的实数。然后读取两行字符串到字符数组。

由于题目中已经明确两条基因序列的长度相同，所以可以使用循环从最左侧开始逐一检查碱基对是否相同，并记录相同的碱基数量。

循环结束后，计算相似度，再和输入数据中要求的相似度进行比较。如果结果是大于或等于就判定为相似。

在编程时要注意，系统中的回车符包括 2 个字符，分别为\r 和\n，对应的 ASCII 码为 13 和 10，第一行使用 cin 读取后，还有 1 个\n（对应的 ASCII 码为 10）没有读取，需要添加一个语句将这个字符读取。如果不读取这个字符，则下一个语句 gets 会认为这个\n 字符就是 1 行，结果导致读入一个空字符数组。

【相似的基因】

```cpp
#include <iostream>
#include <cstdio>
#include <cstring>
using namespace std;
int main() {
    float f;
    char s1[510], s2[510];
    float v;
    int sum = 0;
    cin >> f;
    getchar();
    gets(s1);
    gets(s2);
    for (int i = 0; i < strlen(s1); i++) {
        if (s1[i] == s2[i]) {
            sum++;
        }
    }
    if (1.0 * sum / strlen(s1) > f) {
        cout << "yes";
    } else {
        cout << "no";
    }
    return 0;
}
```

【例 3-34】配对碱基链。

【题目描述】

脱氧核糖核酸（DNA）由两条互补的碱基链以双螺旋的方式结合而成。而构成 DNA

的碱基共有 4 种，分别为腺嘌呤（A）、鸟嘌呤（G）、胸腺嘧啶（T）和胞嘧啶（C）。我们知道，在两条互补碱基链的对应位置上，腺嘌呤总是和胸腺嘧啶配对，鸟嘌呤总是和胞嘧啶配对。你的任务就是根据一条单链上的碱基序列，给出对应的互补链上的碱基序列。

【输入格式】

1 个字符串，表示一条碱基链。这个字符串只含有大写字母 A、T、G、C，分别表示腺嘌呤、胸腺嘧啶、鸟嘌呤和胞嘧啶。字符串长度不超过 255。

【输出格式】

1 个只含有大写字母 A、T、G、C 的字符串，为与输入的碱基链互补的碱基链。

【输入样例】

```
ATATGGATGGTGTTTGGCTCTG
```

【输出样例】

```
TATACCTACCACAAACCGAGAC
```

【分析】

读取字符串到字符数组，依次判断字符，并在对应的目标数组中保存对应的字符。

【配对碱基链】

```cpp
#include <iostream>
#include <cstdio>
#include <cstring>
using namespace std;
int main() {
    char s[265] = { 0 }, t[265] = { 0 };
    int len;
    freopen("1.in", "r", stdin);
    gets(s);
    len = strlen(s);
    for (int i = 0; i < len; i++) {
        switch (s[i]) {
        case 'A':
            t[i] = 'T';
            break;
        case 'T':
            t[i] = 'A';
            break;
        case 'G':
            t[i] = 'C';
            break;
        case 'C':
            t[i] = 'G';
            break;
        default:
            break;
        }
    }
    cout << t;
    return 0;
}
```

【例 3-35】密码加密。

【题目描述】

在情报传递过程中，为了防止情报被截获，往往需要对情报使用一定的方式进行加密，简单的加密算法虽然不足以完全避免情报被破译，但仍然能防止情报被轻易地识别。我们给出一种最简单的加密方法，对给定的一个字符串，把其中从 a～y、A～Y 的字母用其后继字母替代，即把 z 和 Z 用 a 和 A 替代，其他非字母字符不变，则可得到一个简单的加密字符串。

【输入格式】

1 行，一个字符串，长度小于 80 个字符。

【输出格式】

1 行，字符串的加密字符串。

【输入样例】

```
Hello! How are you!
```

【输出样例】

```
Ifmmp! Ipx bsf zpv!
```

【分析】

读取字符串到字符数组，依次判断字符，并在对应的目标数组中保存对应的字符。测试数据要尽量检测端点，此题中要特别注意加密字符的端点值，即字符 a、y、A、Y、z 和 Z。

【密码加密】

```cpp
#include <iostream>
#include <cstdio>
#include <cstring>
using namespace std;
int main() {
    char s[85] = { 0 }, t[85] = { 0 };
    int len;
    gets(s);
    len = strlen(s);
    for (int i = 0; i < len; i++) {
        if ((s[i] >= 'a' && s[i] <= 'y')
            || (s[i] >= 'A' && s[i] <= 'Y')) {
            t[i] = s[i] + 1;
        } else if ((s[i] == 'z' || s[i] == 'Z')) {
            t[i] = s[i] - 25;
        } else {
            t[i] = s[i];
        }
    }
    cout << t;
    return 0;
}
```

3.2.3 多维数组及应用实例

一维数组是一组数据，一个序列。多维数组就是多组数据、多个序列共同构成的数据方阵。

一维数组如下：

```
a[0]、a[1]、a[2]、a[3]、a[4]
```

多维数组如下：

```
a[0][0]、a[0][1]、a[0][2]、a[0][3]、a[0][4]
a[1][0]、a[1][1]、a[1][2]、a[1][3]、a[1][4]
```

多维数组的定义如下：

数据类型 数组名[元素个数]

例如：

`int a[3] [4];`

定义了一个整数类型的数组，数组名为 a，数组有 3 行 4 列元素。由于从 0 开始，所以这 3 行 4 列的元素分别如下：

```
a[0][0]、a[0][1]、a[0][2]、a[0][3]
a[1][0]、a[1][1]、a[1][2]、a[1][3]
a[2][0]、a[2][1]、a[2][2]、a[2][3]
```

多维数组元素的访问：访问多维数组中的元素时，使用 a[下标 1][下标 2]进行访问。其中，下标 1 是行，下标 2 是列，和一维数组一样，下标不能越界，下标不可以为负数。如果越界访问，程序编译时不会出错，访问到的值是随机的。

多维数组的初始化如下：

数据类型 数组名[行数] [列数]

【例 3-36】多维数组演示。

```cpp
#include <iostream>
using namespace std;
int main() {
    int a[3][4] = { { 0, 1, 2, 3 }, { 4, 5, 6, 7 }, { 8, 9, 10, 11 } };
    for (int i = 0; i < 3; i++) {
        for (int j = 0; j < 4; j++) {
            cout << a[i][j] << "\t";
        }
        cout << endl;
    }
    return 0;
}
```

运行结果如下：

```
0        1        2        3
4        5        6        7
8        9        10       11
```

【例 3-37】旗鼓相当的对手。

【题目描述】

现有 n（n≤1000）位学生参加了期末考试，并且获得了每位同学的信息：语文、数学、英语成绩（均为不超过 150 的自然数）。如果某对学生<i,j>的每科成绩的分差都不大于 5，且总分分差不大于 10，那么这对学生就是"旗鼓相当的对手"。现在想知道在这些学生中，有几对"旗鼓相当的对手"，同样一位学生可能会和其他好几位学生结对。

【输入格式】

第一行为一个正整数 n。接下来的 n 行，每行 3 个整数，其中第 i 行表示第 i 位学生的语文、数学、英语成绩。最先读入的学生编号为 1。

【输出格式】

1 行，一个整数，表示"旗鼓相当的对手"的对数。

【输入样例】

```
3
90 90 90
85 95 90
80 100 91
```

【输出样例】

```
2
```

【分析】

每位学生有 3 科成绩，最多 1000 个人，声明一个二维数组 a[3][1010]。使用 a[i][j]来访问第 i 行、第 j 列的学生成绩。

因为 C++语言中的数组的下标都是从 0 开始的，所以 i 的范围是 0～2，没有 3。a[0][i]存储了第 i 位学生的语文成绩，a[1][i]存储了他的数学成绩，a[2][i]存储了他的英语成绩。

使用二维数组记录所有学生的成绩后，然后枚举任意两位学生的成绩，判断是不是"旗鼓相当的对手"。符合条件时，使用累加器记录。

【旗鼓相当的对手，beta1】

```cpp
#include<iostream>
#include<cmath>
using namespace std;
int main() {
    int n, a[1010][3], ans = 0;
    cin >> n;
    for (int i = 0; i < n; i++) {
        cin >> a[i][0] >> a[i][1] >> a[i][2];
    }
    for (int i = 0; i < n; ++i) {
        for (int j = i + 1; j < n; ++j) {
            if (abs(a[i][0]-a[j][0])<=5&&abs(a[i][1]-a[j][1])<=5
                &&abs(a[i][2]-a[j][2])<=5
                &&abs(a[i][0]+a[i][1]+a[i][2]-a[j][0]-a[j][1]
                    - a[j][2]) <= 10) {
                ans++;
            }
        }
    }
    cout << ans;
    return 0;
}
```

【分析】

在判断中，每次判断 2 位学生的成绩，都需要对这 2 位学生的成绩进行一次汇总。这种计算肯定会增加运算次数。可以在读取数据时，同步完成成绩的汇总。可以在声明数组时，多声明 1 列，保存汇总后的总成绩。

【旗鼓相当的对手，beta2】

```cpp
#include<iostream>
#include<cmath>
using namespace std;
```

```
int main() {
    int n, a[1010][4], ans = 0;
    cin >> n;
    for (int i = 0; i < n; i++) {
        cin >> a[i][0] >> a[i][1] >> a[i][2];
        a[i][3] = a[i][0] + a[i][1] + a[i][2];
    }
    for (int i = 0; i < n; ++i) {
        for (int j = i + 1; j < n; ++j) {
            if (abs(a[i][0] - a[j][0]) <= 5 && abs(a[i][1] - a[j][1]) <= 5
                && abs(a[i][2] - a[j][2]) <= 5
                && abs(a[i][3] - a[j][3]) <= 10) {
                ans++;
            }
        }
    }
    cout << ans;
    return 0;
}
```

【例 3-38】矩阵交换行。

【题目描述】

给定一个 5×5 的矩阵（数学上，一个 r×c 的矩阵是一个由 r 行 c 列元素排列成的矩形阵列），将第 n 行和第 m 行交换，输出交换后的结果。

【输入格式】

6 行，前 5 行为矩阵的每一行元素，元素与元素之间使用一个空格分隔。

第 6 行包含两个整数 m、n，使用一个空格分隔（1≤m,n≤5）。

【输出格式】

输出交换之后的矩阵，矩阵的每一行元素占一行，元素之间使用一个空格分隔。

【输入样例】

```
1 2 2 1 2
5 6 7 8 3
9 3 0 5 3
7 2 1 4 6
3 0 8 2 4
1 5
```

【输出样例】

```
3 0 8 2 4
5 6 7 8 3
9 3 0 5 3
7 2 1 4 6
1 2 2 1 2
```

【分析】

元素都是数字，使用空格分隔，可以直接使用 cin 语句输入。

输入完成后，读取需要交换的行。交换数据后，再输出。

【矩阵交换行，beta1】

```
#include <bits/stdc++.h>
using namespace std;
int main() {
```

```
    int a[6][6], m, n, t;
    for (int i = 1; i <= 5; ++i) {
        for (int j = 1; j <= 5; ++j) {
            cin >> a[i][j];
        }
    }
    cin >> m >> n;
    for (int j = 1; j <= 5; ++j) {
        t = a[m][j];
        a[m][j] = a[n][j];
        a[n][j] = t;
    }
    for (int i = 1; i <= 5; ++i) {
        for (int j = 1; j <= 5; ++j) {
            cout << a[i][j] << ' ';
        }
        cout << endl;
    }
    return 0;
}
```

【分析】

数字的交换可以使用 C++语言中 STL 的函数 swap 完成。

【矩阵交换行，beta2】

```
#include <bits/stdc++.h>
using namespace std;
int main() {
    int a[6][6], m, n, t;
    for (int i = 1; i <= 5; ++i) {
        for (int j = 1; j <= 5; ++j) {
            cin >> a[i][j];
        }
    }
    cin >> m >> n;
    for (int j = 1; j <= 5; ++j) {
        swap(a[m][j], a[n][j]);
    }
    for (int i = 1; i <= 5; ++i) {
        for (int j = 1; j <= 5; ++j) {
            cout << a[i][j] << ' ';
        }
        cout << endl;
    }
    return 0;
}
```

【例 3-39】计算矩阵边缘元素之和。

【题目描述】

输入一个整数矩阵，计算位于矩阵边缘的元素之和。所谓矩阵边缘的元素，就是第一行和最后一行的元素，以及第一列和最后一列的元素。

【输入格式】

第一行分别为矩阵的行数 m 和列数 n（m<100，n<100），两者之间使用一个空格分隔。在接下来输入的 m 行数据中，每行包括 n 个整数，整数之间使用一个空格分隔。

【输出格式】

1 行，对应矩阵的边缘元素之和。

【输入样例】

```
3 3
3 4 1
3 7 1
2 0 1
```

【输出样例】

```
15
```

【分析】

先总结矩阵边缘元素的特征，判断如果是边缘元素，就累加和。

【计算矩阵边缘元素之和】

```cpp
#include<iostream>
using namespace std;
int main() {
    int m, n;
    int sum = 0;
    int num[100][100];
    cin >> m >> n;
    for (int i = 0; i < m; i++) {
        for (int j = 0; j < n; j++) {
            cin >> num[i][j];
            if (i==0 || j==0 || i == (m - 1) || j == (n - 1)) {
                sum += num[i][j];
            }
        }
    }
    cout << sum << endl;
    return 0;
}
```

【例 3-40】计算鞍点。

【题目描述】

给定一个 5×5 的矩阵，每行只有一个最大值，每列只有一个最小值，寻找这个矩阵的鞍点。鞍点指的是矩阵中的一个元素，它是所在行的最大值，并且是所在列的最小值。

例如，在下面的例子中，第 4 行第 1 列的元素就是鞍点，值为 8。

```
11 3 5 6 9
12 4 7 8 10
10 5 6 9 11
8 6 4 7 2
15 10 11 20 25
```

【输入格式】

输入包含一个 5 行 5 列的矩阵。

【输出格式】

1 行，如果存在鞍点，则输出鞍点所在的行、列及其值；如果不存在，则输出 not found。

【输入样例】

```
11 3 5 6 9
12 4 7 8 10
10 5 6 9 11
8 6 4 7 2
15 10 11 20 25
```

【输出样例】

```
4 1 8
```

【分析】

按题意：鞍点是所在行的最大值，所在列的最小值。

先读取矩阵数据，对每一行，先找出最大值，再验证是否是所在列的最小值。

要注意使用标记位，判断是否找到过鞍点。如果没有找到过鞍点，则输出 not found。

【计算鞍点】

```cpp
#include <bits/stdc++.h>
using namespace std;
int main() {
    int i, j, k, x, y, max, a[6][6];
    bool flag;
    for (i = 1; i <= 5; i++) {
        for (j = 1; j <= 5; j++) {
            cin >> a[i][j];
        }
    }
    for (i = 1; i <= 5; i++) {
        flag = true;
        max = 0;
        for (j = 1; j <= 5; j++) {
            if (a[i][j] > max) {
                max = a[i][j];
                x = i;
                y = j;
            }
        }
        for (k = 1; k <= 5; k++) {
            if (a[k][y] < max) {
                flag = false;
            }
        }
        if (flag) {
            cout << x << " " << y << " " << max << " ";
            return 0;
        }
    }
    cout << "not found";
    return 0;
}
```

【思考练习】

习题 3-1：校门外的树

【题目描述】

学校北大门外长度为 L 的公路上有一排树，每两棵相邻的树之间的间隔都是 1 米。我们可以把公路看成一个数轴，公路的一端在数轴 0 的位置，另一端在 L 的位置；数轴上的每个整数点，即 0、1、2、…、L，都种有一棵树。

由于公路上有一些区域要用来建地铁。这些区域用它们在数轴上的起始点和终止点表示。已知任一区域的起始点和终止点的坐标都是整数，区域之间可能有重合的部分。现在要把这些区域中的树（包括区域端点处的两棵树）移走。请计算将这些树都移走后，公路上还有多少棵树。

【输入格式】

第一行有两个整数 L（1≤L≤10000）和 M（1≤M≤100），L 代表公路的长度，M 代表区域的数目，L 和 M 之间使用一个空格分隔。接下来的 M 行每行包含两个不同的整数，使用一个空格分隔，表示一个区域的起始点和终止点的坐标。

【输出格式】

1 行，只包含一个整数，表示公路上剩余的树的数目。

【输入样例】

```
500 3
150 300
100 200
470 471
```

【输出样例】

```
298
```

【数据说明】

对于 20% 的数据，区域之间没有重合的部分；对于其他的数据，区域之间有重合的情况。

习题 3-2：陶陶摘苹果

【题目描述】

陶陶家的院子里有一棵苹果树，每到秋天树上就会结出 10 个苹果。苹果成熟的时候，陶陶就会跑去摘苹果。陶陶有一个 30 厘米高的板凳，当她不能直接用手摘到苹果时，就会踩到板凳上再试试。

现在已知 10 个苹果到地面的高度，以及陶陶把手伸直的时候能够达到的最大高度，请帮陶陶算一下她能够摘到的苹果数目。假设她碰到苹果，苹果就会掉下来。

【输入格式】

两行数据。第一行包含 10 个 100～200 范围内（包括 100 和 200）的整数（以厘米为单位），分别表示 10 个苹果到地面的高度，两个相邻的整数之间使用一个空格分隔。第二行只包括一个 100~120（包含 100 和 120）的整数（以厘米为单位），表示陶陶把手伸直的时候能够达到的最大高度。

【输出格式】

1 行，只包含一个整数，表示陶陶能够摘到的苹果数目。

【输入样例】

```
100 200 150 140 129 134 167 198 200 111
110
```

【输出样例】

```
5
```

习题 3-3：猴子选大王

【题目描述】

美猴王离开了花果山之后，山上一直没有猴王，随着猴子数量的增加，众猴决定选出一只猴子当大王。经过协商，决定选出大王的规则：n 只猴子围成一圈，编号为 1~n。从编号为 1 的猴子开始报数，每次报到 m 时，对应的猴子就出圈，从下一只猴子继续开始报数，报到 m 的猴子也退圈，如此循环直到剩下最后一只猴子，最后剩下的猴子就是大王。

【输入格式】

1 行，使用空格分隔的 2 个整数，依次是猴子数 n 和每次报的数字 m（$1 \leqslant n \leqslant 100000$，$3 \leqslant m \leqslant 1000$）。

【输出格式】

1 行，1 个正整数，最后剩下猴子的编号。

【输入样例】

```
11 3
```

【输出样例】

```
7
```

习题 3-4：整数去重

【题目描述】

给定含有 n 个整数的序列，要求对这个序列进行去重操作。所谓去重，是指对这个序列中每个重复出现的数，只保留该数第一次出现的位置，删除其余位置。

【输入格式】

2 行，第一行包含一个正整数 n（$1 \leqslant n \leqslant 20000$），表示第二行序列中数字的个数；第二行包含 n 个整数，整数之间使用一个空格分隔。每个整数大于等于 10、小于等于 5000。

【输出格式】

1 行，按照输入的顺序输出其中不重复的数字，整数之间使用一个空格分隔。

【输入样例】

```
5
10 12 93 12 75
```

```
10 12 93 75
```

习题 3-5：验证神奇的古尺

【题目描述】

有一个古尺，总长 36 寸；因年代久远，中间标注的刻度已经模糊，只能分辨中间的 8 个刻度；但是这个尺子还是可以一次性度量 1～36 范围内的任意长度。

以总长度为 5 的尺子，中间只剩下 2 个刻度为例，如图 3-2 所示，如果剩下的 2 个刻度在 2 和 3 的位置，则这个刻度不能一次性度量 4。

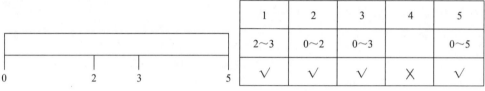

1	2	3	4	5
2～3	0～2	0～3		0～5
√	√	√	×	√

图 3-2　长度为 5 的尺长 1

如果中间的刻度在 3 和 4 位置，如图 3-3 所示，就可以一次性度量 1～5 的所有刻度。

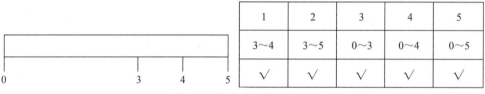

1	2	3	4	5
3～4	3～5	0～3	0～4	0～5
√	√	√	√	√

图 3-3　长度为 5 的尺长 1

36 寸古尺与此类似，请设计程序验证考古人员发送的数据是否符合神奇的古尺的标准。

【输入格式】

1 行，使用空格分隔的 8 个整数，代表古尺中间从左到右，可以分辨的 8 个刻度。

【输出格式】

1 行，如果可以一次性度量 1～36，则输出字符 Y。如果不能一次性度量 1～36，则输出不能度量的刻度数量。

【输入样例】

```
1 3 6 13 20 27 31 35
```

【输出样例】

```
Y
```

习题 3-6：判断回文

【题目描述】

一串字符如果从左读和从右读完全相同，则称为回文。判断输入的一串字符是否是回文。若是，则输出 YES，否则输出 NO。字符串长度 n 不超过 1000 位。

【输入格式】

1 行，1 串长度不超过 1000 的字符串。

【输出格式】

1 行，回文输出 YES，否则输出 NO。

【输入样例】

```
eye
```

【输出样例】

```
YES
```

读书笔记

S

第4章

函数和结构体

函数是指程序中多条语句组合在一起，完成特定的任务。每个 C++程序都至少有一个函数，即主函数 main()。

在编写程序时，常常遇到功能相同的语句块，可以通过自定义函数来实现语句块的封装。封装后的函数类似于数学函数中的 ceil()或 floor()，这样的自定义函数可以按要求完成特定的功能。

结构体可以看作是自定义的数据类型，按照实际需求，自定义结构体的成员和函数。

4.1 自定义函数

数学函数 ceil()或 floor()在头文件 cmath 中定义，引入头文件 cmath 后可以在程序中调用。类似的这种函数称为内置函数，内置函数在 C++标准库中已经定义。例如，函数 strcat()用来连接两个字符串，函数 memcpy()用来复制内存到另一个位置。

编程时，程序员常常将实现特定功能的代码声明为一个函数，称为自定义函数。自定义函数可以有效地简化程序设计难度，减少代码冗余，在其他高级语言中也被称为方法或子程序。

在 C++语言中声明自定义函数时，需要确定函数的名称、返回类型和参数，并在函数体中实现特定的功能。

4.1.1 函数声明

C++语言中，函数声明的基本结构如下。

```
返回类型 函数名称(参数类型 参数1，参数类型 参数2){
    函数体
}
```

其中：

（1）返回类型：是一个函数返回值的数据类型，可以是布尔型 bool，也可以是整型 int 等。函数也可以不返回值，不返回值时使用关键字 void。

（2）函数名称：这是函数的实际名称。定义规则和变量名一致。

（3）参数：每个参数都需要指明参数的类型和参数名称，如 int a 指明参数 a 是整型。参数就像是占位符，称为形参。当函数被调用时，会给参数传递一个值，这个值被称为实参。参数列表中可以包括多个函数参数，中间使用逗号分隔。参数位置也可以是空白，这时表示函数不需要参数。

（4）函数体：函数体就是执行任务的程序语句。

【例 4-1】声明函数，返回两个整数中的较大值。

```cpp
#include <bits/stdc++.h>
using namespace std;
int max(int a, int b) {
    if (a > b) {
        return a;
    } else {
        return b;
    }
}
int main() {
    int m = 3, n = 8;
    cout << max(m, n);
    return 0;
}
```

运行结果如下：

```
8
```

【分析】函数的声明部分如下。

```
int max(int a, int b) {
    if (a > b) {
        return a;
    } else {
        return b;
    }
}
```

返回类型是 int，表明函数返回一个整型。

函数名称为 max，可以通过 max 调用这个函数。

参数有两个，a 和 b，都是 int 类型。

在函数体中，如果 a>b，则返回 a；其他情况则返回 b。

在主函数 main 中使用 max(m,n)调用函数，将实参 m 和 n 传递给形参 a 和 b，将函数中比较的结果 8 返回到主函数后，输出。

4.1.2 函数的参数传递

【例 4-2】完全数问题。

调用函数时使用的参数称为实参，在函数定义中的参数称为形参。对于 C++语言的基础数据类型（布尔型、字符型、整型和浮点型）参数，这个传递过程是单向的。

【例 4-3】基础类型作为函数参数。

```cpp
#include<bits/stdc++.h>
using namespace std;
void change(int i, int j) {
    cout << "change-1.i=" << i << ",j=" << j << endl;
    i = 4;
    j = 9;
    cout << "change-2.i=" << i << ",j=" << j << endl;
}
int main() {
    int x = 2, y = 8;
    cout << "main-1.x=" << x << ",y=" << y << endl;
    change(x, y);
    cout << "main-2.x=" << x << ",y=" << y << endl;
    return 0;
}
```

运行结果如下：

```
main-1.x=2,y=8
change-1.i=2,j=8
change-2.i=4,j=9
main-2.x=2,y=8
```

例 4-3 中，虽然在函数中对变量内容进行了修改，但是主函数中的变量值并没有修改。

如果参数是数组，数组的名称实际上是数组的地址，任何在函数中的改动，都是在实际数组中进行的改动。

【例 4-4】数组作为函数参数。

```cpp
#include<bits/stdc++.h>
using namespace std;
void change(char str[]) {
    cout << "change-1.str=" << str << endl;
    str[0] = 'W';
    cout << "change-2.str=" << str << endl;
}
int main() {
    char s[] = "Hello!";
    cout << "main-1.s=" << s << endl;
    change(s);
    cout << "main-2.s=" << s << endl;
    return 0;
}
```

运行结果如下：

```
main-1.s=Hello!
change-1.str=Hello!
change-2.str=Wello!
main-2.s=Wello!
```

例 4-4 中，在函数中修改了数组中的第 1 个字符，结果主函数中的数组发生了相应的变化。

4.1.3 函数应用实例

【例4-5】完全数问题。

【题目描述】

完全数是一个古老而有趣的问题，完全数是指这样的自然数，除本身因子外的所有整除因子的和等于其本身。例如，第一个完全数是6，因为6除了其本身的因子有1、2、3，且 6=1+2+3。

求正整数 2～n 的完全数（一行一个数）。

【输入格式】

1 行，n（6≤n≤5000）。

【输出格式】

1 行，一个数。

【输入样例】

7

【输出样例】

6

【分析 1】

题目中说明了完全数的定义：因子（除本身因子外）之和等于它本身的自然数。从这个定义中可以看出，如果需要判断一个自然数是否是完全数，需要找出这个自然数的所有因子，判断所有因子（除本身因子外）的和是否等于这个自然数。

例如，输入样例7，需要考察2～7的所有自然数，对于每个自然数，都需要找出所有因子（判断一个数 j 是不是另一个自然数 i 的因子的条件是"i 除以 j，结果为整数"），并把这些因子（除本身因子外）加起来求和。然后判断因子（除本身因子外）之和与这个自然数本身之间的关系。

【完全数问题，双重循环解决】

```cpp
#include<bits/stdc++.h>
using namespace std;
int main() {
    int n, s;
    cin >> n;
    for (int i = 2; i <= n; i++) {//考察数字范围
        s = 0; //求和之前清零
        for (int j = 1; j < i; j++) {//查找因子范围
            if (i % j == 0) {//是因子
                s += j;//求和
            }
        }
        if (s == i) {//如果和等于自然数本身
            cout << i << endl;
        }
    }
    return 0;
}
```

【分析2】

换个角度看这个问题，考虑将总任务细分到不同的小任务。

如果可以由一个函数判断一个数字是否是完全数，则程序在输入数字 n 之后，使用循环依次在[2,n]之间查找完全数，如果是完全数，则输出这个数字。

```
int main() {
    int n;
    cin >> n;
    for (int i = 2; i <= n; i++) {
        if (perfectNumber(i) == 1) {
            cout << i << endl;
        }
    }
    return 0;
}
```

判断一个数字是否是完全数，则交给一个函数 perfectNumber(i)处理，需要判断的数字 i 作为参数放在了函数的小括号中。在函数 perfectNumber 内部实现判断参数 i 是否是完全数的功能，这里的参数 i 称为实参。判断完成后，再返回一个值，作为是否是完全数的标记，这个函数的结果（参数数字是否是完全数）只有两种情况（是或否），所以可以使用布尔类型作为返回值。

```
bool perfectNumber(int m) {
    int s = 0;
    for (int i = 1; i < m; i++) {
        if (m % i == 0) {
            s += i;
        }
    }
    if (s == m) {
        return true;
    } else {
        return false;
    }
}
```

实参传递到函数 perfectNumber 之后，赋值给函数内部的参数 m，参数 m 称为形参。在函数 perfectNumber 定义中，在 1～m 范围内查找因子。如果变量 i（1≤i≤m）符合条件（m%i==0），则 i 是 m 的一个因子，再把这个因子累加到变量 s 中。

完成查找之后，检测和 s 和参数 m 之间的关系，如果两个数相等，则参数就是完全数。

【完全数问题，函数判断完全数】

```
#include<bits/stdc++.h>
using namespace std;
bool perfectNumber(int m) {
    int s = 0;
    for (int i = 1; i < m; i++) {
        if (m % i == 0) {
            s += i;
        }
    }
    if (s == m) {
        return true;
    } else {
        return false;
```

```
        }
    }
    int main() {
        int n;
        cin >> n;
        for (int i = 2; i <= n; i++) {
            if (perfectNumber(i) == 1) {
                cout << i << endl;
            }
        }
        return 0;
    }
```

在编写程序时，函数的定义必须出现在主函数 main 之前，如果需要把函数的定义放在主函数 main 之后，则需要在主函数之前先声明函数。上述完全数的代码可以改写为如下代码。

【完全数问题，先声明函数判断完全数】

```
#include<bits/stdc++.h>
using namespace std;
bool perfectNumber(int m); //先声明函数
int main() {
    int n;
    cin >> n;
    for (int i = 2; i <= n; i++) {
        if (perfectNumber(i) == 1) { //对函数的调用
            cout << i << endl;
        }
    }
    return 0;
}
bool perfectNumber(int m) { //再定义函数
    int s = 0;
    for (int i = 1; i < m; i++) {
        if (m % i == 0) {
            s += i;
        }
    }
    if (s == m) {
        return true;
    } else {
        return false;
    }
}
```

【例 4-6】短信收费。

【题目描述】

使用手机发短信，一条短信的资费为 0.1 元，但限定一条短信的内容在 70 个字以内（包括 70 个字）。如果一次所发送的短信超过了 70 个字，则会按照每 70 个字一条短信的限制把它分割成多条短信发送。现已经知道当月发送的所有短信的字数，请统计当月短信的总资费。

【输入格式】

第一行是整数 n，表示当月发送短信的总次数，接着 n 行每行一个整数，表示每次短信的字数。

【输出格式】

1 行，当月短信的总资费，单位为元，精确到小数点后 1 位。

【输入样例】

```
10
39
49
42
126
144
157
42
72
35
46
```

【输出样例】

```
1.6
```

【分析】

使用函数处理问题时，可以将一个复杂的问题分解为多个小问题进行解决。在这个题目中可以先定义一个函数，用于计算指定字数的短信费用；再使用一个循环处理所有的短信字数，将函数返回的费用加总。

【短信收费】

```cpp
#include <bits/stdc++.h>
using namespace std;
int charge(int m) {
    int s = 0;
    if (m % 70 == 0) {
        s = m / 70;
    } else {
        s = m / 70 + 1;
    }
    return s;
}
int main() {
    int n, m;
    double sum = 0;
    cin >> n;
    for (int i = 0; i < n; i++) {
        cin >> m;
        sum += charge(m);
    }
    printf("%.1f", sum / 10);
    return 0;
}
```

【例 4-7】新冠疫情防控。

【题目描述】

社区为加强对新冠疫情的防控，在社区的主要入口增加了人脸识别和红外测温设备。该设备能自动记录人员的姓名和对应的体温，社区要求对体温超过 37.5℃（含等于 37.5℃）的社区人员进行回访调查，现需要在所有记录的信息中筛选出需要回访的社区人员名单。

【输入格式】

第一行是某个社区入口记录的信息数量 n（n<20000）。

其后有 n 行，每行是进入社区的社区人员信息，包括 2 个信息：姓名（字符串，不含空格，最多 8 个字符）、体温（float）。每行 2 个信息之间使用一个空格分隔。

【输出格式】

按输入顺序依次输出所有被筛选出的回访名单姓名，每个名字占一行。最后输出一行，表示被筛选的人数。

【输入样例】

```
5
Zhangsan 38.3
Lisi 37.5
Wangwu 37.1
Zhaoliu 39.0
Liuqi 38.2
```

【输出样例】

```
Zhangsan
Lisi
Zhaoliu
Liuqi
4
```

【分析】

首先要解决的问题是数据的输入，1 行输入 2 个信息，姓名和体温。姓名使用字符串保存，体温使用浮点数保存。2 个信息的中间是空格，可以使用 cin 语句输入（cin 语句使用空格符或回车符分隔输入的数据）。

输入数据后，将 2 个实参（1 个字符串，1 个浮点数）交给函数 **visit**，函数按体温判断结果进行处理，如果体温超过 37.5℃，则输出姓名，并统计人数。

最后在主函数中，完成数据的处理，并输出人数。

【新冠疫情防控】

```cpp
#include<bits/stdc++.h>
using namespace std;
int sum = 0; //统计人数
void visit(string s, float m) {
    if (m >= 37.5) {
        cout << s << endl;
        sum++;
    }
}
int main() {
    int n; //记录人数
    string s; //姓名
    float m; //体温
    cin >> n;
    for (int i = 0; i < n; i++) {
        cin >> s >> m;
        //cout <<s<<","<<m<<endl;
        visit(s, m);
    }
    cout << sum;
```

```
        return 0;
}
```

【例4-8】统计单词数。

【题目描述】

一般的文本编辑器有查找单词的功能，该功能可以快速定位特定单词在文章中的位置，有的还能统计出特定单词在文章中出现的次数。

现在，请你编程实现这一功能，具体要求是，给定一个单词，请输出它在给定的文章中出现的次数和第一次出现的位置。注意：匹配单词时，不区分大小写，但要求完全匹配，即给定单词必须与文章中的某一独立单词在不区分大小写的情况下完全相同，如果给定单词仅是文章中某一单词的一部分，则不算匹配。

【输入格式】

2行，第一行为一个字符串，其中只包含字母，表示给定单词；长度不超过100；第二行为一个字符串，其中只可能包含字母和空格，表示给定的文章；长度不超过1000000。

【输出格式】

1行，如果在文章中找到给定单词则输出两个整数，两个整数之间使用一个空格分隔，分别是单词在文章中出现的次数和第一次出现的位置（即在文章中第一次出现时，单词首字母在文章中的位置，位置从0开始）；如果单词在文章中没有出现，则直接输出一个整数-1。

【输入样例1】

```
To
to be or not to be is a question
```

【输出样例1】

```
2 0
```

【输入样例2】

```
to
Did the Ottoman Empire lose its power at that time
```

【输出样例2】

```
-1
```

【分析】

查找字符串时，不区分大小写，要完全匹配，要求是单独的单词，不能是其他单词的一部分。

这几个条件一起出现，显得问题比较复杂。

先分析可能出现的情况，列出需要考虑的特殊情况，制作测试点，方便编写程序时检测。

分析问题，会出现的情况有（以查找 to 为例）以下几种。

（1）单词在中间，如 be or not to be。

（2）单词在开头，如 to be or。

（3）单词在结尾，如 be or not to。

（4）单词是其他单词的一个部分（中间）to otob to To。

（5）单词是其他单词的一个部分（开头）to otob to too To。

（6）单词是其他单词的一个部分（结尾）to auto otob to too To。

为了全面测试程序，先综合考虑以上情况，自行设计一个测试数据，如下。

【输入样例 3】

```
To
to auto otob to too To
```

【输出样例 3】

```
3 0
```

【统计单词数，beta1，第 1 种读取方式】

采用字符数组存储输入的字符，定义字符数组时需要考虑数据量，使用 gets 读取、puts
输出，读入的字符长度使用 strlen 函数获取。

```
#include<bits/stdc++.h>
using namespace std;
int main() {
    freopen("countwords.in", "r", stdin);
    char a[110] = { 0 }, b[1000100] = { 0 };
    int len1, len2;
    gets(a);
    gets(b);
    len1 = strlen(a);
    len2 = strlen(b);
    cout << "a=" << a << ",len1=" << len1 << endl;
    cout << "b=" << b << ",len2=" << len2 << endl;
    return 0;
}
```

【统计单词数，beta2，第 2 种读取方式】

采用字符串存储输入的字符，定义字符串时不需要考虑数据量。考虑到数据中有空格，
使用 getline 读取整个行；字符串使用 cout 输出，字符长度使用 size()方法获取。

```
#include<bits/stdc++.h>
using namespace std;
int main() {
    freopen("countwords.in", "r", stdin);
    string a, b;
    int len1, len2;
    getline(cin, a);
    getline(cin, b);
    len1 = a.size();
    len2 = b.size();
    cout << "a=" << a << ",len1=" << len1 << endl;
    cout << "b=" << b << ",len2=" << len2 << endl;
    return 0;
}
```

【分析】

程序需要在字符数组 b 中查找字符数组 a 的内容，以每一个数组 b 的字符为起点，在
主函数中定义一个循环，范围应该是数组 b 的长度[0,len2-1]。

```
for (int i = 0; i < len2; i++) {
    cout << "------开始检查数组b的位置: " << i << ",b[" << i << "]=" << b[i] << endl;
    check(i); //通过函数检查数组b
}
```

在这个循环中每次都从位置 i 开始检查,检查从位置 i 开始的字符串是否和第 1 个字符串内容一致。

函数 check 需要完成的任务:在数组 b 指定位置开始检查,指定位置的字符是否和数组 a 中的第 1 个字符相同(忽略字符大小写)。

如果出现相同的字符,再检查之后的字符是否相同。如果在这个检查过程中出现字符不相同,就提前结束字符的检查。

【统计单词数,beta3】

```cpp
#include<bits/stdc++.h>
using namespace std;
/*
/    通过函数检查数组 b 的位置 num 是否出现了单独的单词(数组 a 的内容)
*/
void check(int num) {
    cout << "----check b[" << num << "]----" << endl;
}
int main() {
    freopen("countwords.in", "r", stdin);
    char a[110] = { 0 }, b[1000100] = { 0 };
    int len1, len2;
    gets(a);
    gets(b);
    len1 = strlen(a);
    len2 = strlen(b);
    cout << "a=" << a << ",len1=" << len1 << endl;
    cout << "b=" << b << ",len2=" << len2 << endl;
    for (int i = 0; i < len2; i++) {
        cout << "--检查i=" << i << ",b[" << i << "]=" << b[i] << endl;
        check(i); //通过函数检查数组b
    }
    return 0;
}
```

【输入样例 3】

```
To
to auto otob to too To
```

运行结果如下:

```
a=To,len1=2
b=to auto otob to too To,len2=22
--检查i=0,b[0]=t
----check b[0]----
--检查i=1,b[1]=o
----check b[1]----
--检查i=2,b[2]=
----check b[2]----
......
```

从以上测试信息可以看出,函数可以正常输出信息。

继续在函数 check 中编写代码,实现检查是否出现了完整单词的功能。

在函数 check 中添加如下代码:

```cpp
void check(int num) {
    cout << "----check b[" << num << "]----" << endl;
    for (int i = 0; i < len1; i++) {
```

```
        if (a[i] == b[num]) { //相同的字符
            cout << "相同字符:a[" << i << "]" << a[i] << ",b[" << num << "]" << b[num]
<< endl;
        } else {
            //不相同,终止检查
            cout << "不相同字符:a[" << i << "]" << a[i] << ",b[" << num << "]" << b[num]
<< endl;
        }
    }
}
```

在运行前，需要注意：两个字符数组 a 和 b，以及长度 len1 和 len2，需要在程序中声明为全局变量。

```
char a[110] = { 0 }, b[1000100] = { 0 };
int len1, len2;
```

上述两行代码需要移动到声明命名空间之后。

完整代码如下。

【统计单词数，beta4】

```
#include<bits/stdc++.h>
using namespace std;
char a[110] = { 0 }, b[1000100] = { 0 };//全局
int len1, len2;//全局
/*
/    通过函数检查数组 b 的位置 num 是否出现了单独的单词(数组 a 的内容)
*/
void check(int num) {
    cout << "----check b[" << num << "]----" << endl;
    for (int i = 0; i < len1; i++) {
        if (a[i] == b[num]) { //相同的字符
            cout << "相同:a[" << i << "]" << a[i] << "==b[" << num << "]" << b[num] <<
endl;
        } else {
            //不相同,终止检查
            cout << "不相同字符:a[" << i << "]" << a[i] << "!=b[" << num << "]" << b[num]
<< endl;
        }
    }
}
int main() {
    freopen("countwords.in", "r", stdin);
    gets(a);
    gets(b);
    len1 = strlen(a);
    len2 = strlen(b);
    cout << "a=" << a << ",len1=" << len1 << endl;
    cout << "b=" << b << ",len2=" << len2 << endl;
    for (int i = 0; i < len2; i++) {
        cout << "--检查i=" << i << ",b[" << i << "]=" << b[i] << endl;
        check(i); //通过函数检查数组 b
    }
    return 0;
}
```

运行结果如下：

```
a=To,len1=2
```

```
b=to auto otob to too To,len2=22
--检查 i=0,b[0]=t
----check b[0]----
不相同字符:a[0]T!=b[0]t
不相同字符:a[1]o!=b[0]t
--检查 i=1,b[1]=o
----check b[1]----
不相同字符:a[0]T!=b[1]o
相同:a[1]o==b[1]o
--检查 i=2,b[2]=
......
```

观察运行结果，可以发现在 check 函数中，比对的内容为 a[0]和 b[0]、a[1]和 b[0]。b 数组的序列没有变动。

正常的比较应当如图 4-1 所示，所以在循环中需要修改 b 数组的下标值。

图 4-1 统计单词数的比较位置

```
void check(int num) {
    cout << "----check b[" << num << "]----" << endl;
    for (int i = 0; i < len1; i++) {
        if (a[i] == b[num]) { //相同的字符
            cout << "相同:a[" << i << "]" << a[i] << "==b[" << num << "]" << b[num] <<
endl;
        } else {
            //不相同,终止检查
            cout << "不相同字符:a[" << i << "]" << a[i] << "!=b[" << num << "]" << b[num]
<< endl;
        }
        num++;
    }
}
```

按照题意，需要忽略单词字母的大小写，添加一个函数，将所有的小写字母转换为大写字母。

```
char getupper(char c) {
    char rtv=c;
    if (c >= 'a' && c <= 'z') {
        rtv = c - 32;
    }
    return rtv;
}
```

在函数 check 中，在比较字符之前完成对字符大小写的调整。调整后的代码如下。

```cpp
void check(int num) {
    cout << "----check b[" << num << "]----" << endl;
    for (int i = 0; i < len1; i++) {
        if (getupper(a[i]) == getupper(b[num])) { //相同的字符
            cout << "相同:a[" << i << "]" << a[i] << "==b[" << num << "]" << b[num] <<
endl;
        } else {
            //不相同,终止检查
            cout << "不相同字符:a[" << i << "]" << a[i] << "!=b[" << num << "]" << b[num]
<< endl;
        }
        num++;
    }
}
```

运行结果如下：

```
a=To,len1=2
b=to auto otob to too To,len2=22
--检查 i=0,b[0]=t
----check b[0]----
相同:a[0]T==b[0]t
相同:a[1]o==b[1]o
--检查 i=1,b[1]=o
----check b[1]----
不相同字符:a[0]T!=b[1]o
不相同字符:a[1]o!=b[2]
--检查 i=2,b[2]=
......
```

从以上运行结果可以看出第 1 个单词完成了匹配，连续两次找到相同的字符。

由于找到第 1 个不相同的字符时，程序就不需要继续查找了，所以在不相同的分支上添加一个 break；提前终止循环。

从运行结果可以看出，只有找到相同的字符才会循环 2 次。

```
a=To,len1=2
b=to auto otob to too To,len2=22
--检查 i=0,b[0]=t
----check b[0]----
相同:a[0]T==b[0]t
相同:a[1]o==b[1]o
--检查 i=1,b[1]=o
----check b[1]----
不相同字符:a[0]T!=b[1]o
--检查 i=2,b[2]=
......
```

在循环结束后添加统计功能，统计完全匹配的相同单词。统计的结果需要声明为全局变量，因为在两个函数（check 和 main）中都需要访问这个变量。

【统计单词数，beta5】

```cpp
#include<bits/stdc++.h>
using namespace std;
char a[110] = { 0 }, b[1000100] = { 0 };//全局
int len1, len2, ans=0;//全局
char getupper(char c) {
```

```
        char rtv=c;
        if (c >= 'a' && c <= 'z') {
            rtv = c - 32;
        }
        return rtv;
    }
    void check(int num) {
        int i;
        cout << "----check b[" << num << "]----" << endl;
        for (i = 0; i < len1; i++) {
            if (getupper(a[i]) == getupper(b[num])) { //相同的字符
                cout << "相同:a[" << i << "]" << a[i] << "==b[" << num << "]" << b[num] <<
endl;
            } else {
                //不相同,终止检查
                cout << "不相同字符:a[" << i << "]" << a[i] << "!=b[" << num << "]" << b[num]
<< endl;
                break;
            }
            num++;
        }
        if (i == len1) {//数组 b 中有数组 a 的单词
            ans++;
        }
    }
    int main() {
        freopen("countwords.in", "r", stdin);
        gets(a);
        gets(b);
        len1 = strlen(a);
        len2 = strlen(b);
        cout << "a=" << a << ",len1=" << len1 << endl;
        cout << "b=" << b << ",len2=" << len2 << endl;
        for (int i = 0; i < len2; i++) {
            cout << "--检查 i=" << i << ",b[" << i << "]=" << b[i] << endl;
            check(i); //通过函数检查数组 b
        }
        cout<<"ans="<<ans<<endl;
        return 0;
    }
```

运行结果如下:

```
a=To,len1=2
b=to auto otob to too To,len2=22
--检查 i=0,b[0]=t
----check b[0]----
相同:a[0]T==b[0]t
相同:a[1]o==b[1]o
--检查 i=1,b[1]=o
----check b[1]----
不相同字符:a[0]T!=b[1]o
--检查 i=2,b[2]=
......
----check b[20]----
相同:a[0]T==b[20]T
相同:a[1]o==b[21]o
--检查 i=21,b[21]=o
----check b[21]----
不相同字符:a[0]T!=b[21]o
ans=6
```

从运行结果可以看出，程序找出了 6 处和字符数组 a 相同的匹配，但是有部分不符合题意要求。

分析测试信息，如图 4-2 所示。其中的第 2 处、第 3 处、第 5 处是不符合题意的判断，这 3 处都不是完整的单词。分析完全匹配的第 4 处，单词的左边和右边都有空格，下一步将这个特征加入代码中。

图 4-2　统计单词数 beta5 版本代码中的 6 个比较位置

若要限定单词的左边为空格，则要在 check 函数中加入一个先行条件，在开始逐一比对字符之前，先检查左边是否是空格，如果不是空格，就不用比对字符了。

```
void check(int num) {
    int i;
    cout << "----check b[" << num << "]----" << endl;
    if (b[num - 1] == ' ') { //检查单词左边是否是空格
        for (i = 0; i < len1; i++) {
            if (getupper(a[i]) == getupper(b[num])) { //相同的字符
                cout << "相同:a[" << i << "]" << a[i] << "==b[" << num << "]" << b[num] << endl;
            } else {
                //不相同,终止检查
                cout << "不相同字符:a[" << i << "]" << a[i] << "!=b[" << num << "]" << b[num] << endl;
                break;
            }
            num++;
        }
        if (i == len1) { //数组 b 中有数组 a 的单词
            ans++;
        }
    }
}
```

运行结果如下：

```
a=To,len1=2
b=to auto otob to too To,len2=22
--检查 i=0,b[0]=t
----check b[0]----
--检查 i=1,b[1]=o
----check b[1]----
--检查 i=2,b[2]=
----check b[2]----
--检查 i=3,b[3]=a
----check b[3]----
不相同字符:a[0]T!=b[3]a
--检查 i=4,b[4]=u
----check b[4]----
--检查 i=5,b[5]=t
----check b[5]----
--检查 i=6,b[6]=o
```

```
----check b[6]----
--检查 i=7,b[7]=
----check b[7]----
--检查 i=8,b[8]=o
----check b[8]----
不相同字符:a[0]T!=b[8]o
--检查 i=9,b[9]=t
----check b[9]----
--检查 i=10,b[10]=o
----check b[10]----
--检查 i=11,b[11]=b
----check b[11]----
--检查 i=12,b[12]=
----check b[12]----
--检查 i=13,b[13]=t
----check b[13]----
相同:a[0]T==b[13]t
相同:a[1]o==b[14]o
--检查 i=14,b[14]=o
----check b[14]----
--检查 i=15,b[15]=
----check b[15]----
--检查 i=16,b[16]=t
----check b[16]----
相同:a[0]T==b[16]t
相同:a[1]o==b[17]o
--检查 i=17,b[17]=o
----check b[17]----
--检查 i=18,b[18]=o
----check b[18]----
--检查 i=19,b[19]=
----check b[19]----
--检查 i=20,b[20]=T
----check b[20]----
相同:a[0]T==b[20]T
相同:a[1]o==b[21]o
--检查 i=21,b[21]=o
----check b[21]----
ans=3
```

这一次，虽然结果是 3 个，和标准答案相同，但是仔细分析，程序找到的是第 4 处、第 5 处和第 6 处，这 3 个共同的特性是左侧有空格。但出现了一个特殊情况：第 1 处是文章的开头，第 1 处的左侧也不是空格，如图 4-3 所示。如果是数组 b 的开头位置，不需要检查左侧是否为空格。将原有的判断左侧为空格的条件

```
(b[num - 1] == ' ')
```

修改为

```
(b[num - 1] == ' ' || num == 0)
```

图 4-3 统计单词数中需要特殊处理的最后位置

还有第 5 处不符合题意，单词是 too 的一部分，标志是右侧不是空格，下一步加上条件：右侧是空格。这个判断需要在完成比较之后，再检查右侧是否是空格。将原有的判断统计条件

```
(i == len1)
```

修改为

```
(i == len1 && b[num] == ' ')
```

【统计单词数，beta6，check 函数，其他代码和前面相同】

```
void check(int num) {
    int i;
    cout << "----check b[" << num << "]----" << endl;
    if (b[num - 1] == ' '|| num == 0) { //检查单词左边是否是空格,忽略单词的开始位置
        for (i = 0; i < len1; i++) {
            if (getupper(a[i]) == getupper(b[num])) { //相同的字符
                cout << "相同:a[" << i << "]" << a[i] << "==b[" << num << "]" << b[num]
<< endl;
            } else {
                //不相同,终止检查
                cout << "不相同字符:a[" << i << "]" << a[i] << "!=b[" << num << "]" <<
b[num] << endl;
                break;
            }
            num++;
        }
        if (i == len1 && b[num] == ' ')  {//数组 b 中有数组 a 的单词
            cout <<"---------------统计------------------"<<endl;
            ans++;
        }
    }
}
```

运行结果如下：

```
a=To,len1=2
b=to auto otob to too To,len2=22
--检查 i=0,b[0]=t
----check b[0]----
相同:a[0]T==b[0]t
相同:a[1]o==b[1]o
---------------统计------------------
--检查 i=1,b[1]=o
----check b[1]----
--检查 i=2,b[2]=
----check b[2]----
--检查 i=3,b[3]=a
----check b[3]----
不相同字符:a[0]T!=b[3]a
--检查 i=4,b[4]=u
----check b[4]----
--检查 i=5,b[5]=t
----check b[5]----
--检查 i=6,b[6]=o
----check b[6]----
--检查 i=7,b[7]=
----check b[7]----
--检查 i=8,b[8]=o
```

```
----check b[8]----
不相同字符:a[0]T!=b[8]o
--检查 i=9,b[9]=t
----check b[9]----
--检查 i=10,b[10]=o
----check b[10]----
--检查 i=11,b[11]=b
----check b[11]----
--检查 i=12,b[12]=
----check b[12]----
--检查 i=13,b[13]=t
----check b[13]----
相同:a[0]T==b[13]t
相同:a[1]o==b[14]o
---------------统计-----------------
--检查 i=14,b[14]=o
----check b[14]----
--检查 i=15,b[15]=
----check b[15]----
--检查 i=16,b[16]=t
----check b[16]----
相同:a[0]T==b[16]t
相同:a[1]o==b[17]o
--检查 i=17,b[17]=o
----check b[17]----
--检查 i=18,b[18]=o
----check b[18]----
--检查 i=19,b[19]=
----check b[19]----
--检查 i=20,b[20]=T
----check b[20]----
相同:a[0]T==b[20]T
相同:a[1]o==b[21]o
--检查 i=21,b[21]=o
----check b[21]----
ans=2
```

结果中出现了 4 处连续两次相同，但是只统计了 2 次。从检查统计的位置代码可以发现只统计了数组 b 的 0 和 13 两个位置。分析结果是漏掉了最后一个，数组 b 的末尾，末尾右侧没有空格，也需要添加一个特例。将统计的条件代码

```
(i == len1 && b[num] == ' ')
```

修改为

```
(i == len1 && (b[num] == ' ' || num == len2))
```

退出循环时，num 如果等于 len2，那就是到达了数组 b 的末尾。

至此，完成单词的统计，最后记录第 1 次完成统计时的位置。在统计时，判断是否是第 1 次统计的位置，如果是，则记录位置。

【统计单词数，beta7，完整版，带调试输出】

```cpp
#include<bits/stdc++.h>
using namespace std;
char a[110] = { 0 }, b[1000100] = { 0 };//全局
int len1, len2,ans=0,first;//全局
char getupper(char c) {
    char rtv=c;
    if (c >= 'a' && c <= 'z') {
```

```cpp
            rtv = c - 32;
        }
        return rtv;
    }
    void check(int num) {
        int i;
        cout << "----check b[" << num << "]----" << endl;
        if (b[num - 1] == ' ' || num == 0) { //检查单词左边是否是空格
            for (i = 0; i < len1; i++) {
                if (getupper(a[i]) == getupper(b[num])) { //相同的字符
                    cout << "相同:a[" << i << "]" << a[i] << "==b[" << num << "]" << b[num]
<< endl;
                } else {
                    //不相同,终止检查
                    cout << "不相同字符:a[" << i << "]" << a[i] << "!=b[" << num << "]" <<
b[num] << endl;
                    break;
                }
                num++;
            }
            if (i == len1 && (b[num] == ' ' || num == len2)) {//数组b中有数组a的单词
                cout<<"----------------统计-------------------"<<endl;
                ans++;
                if (ans == 1) {
                    first = n;
                }
            }
        }
    }
    int main() {
        freopen("countwords.in", "r", stdin);
        gets(a);
        gets(b);
        len1 = strlen(a);
        len2 = strlen(b);
        cout << "a=" << a << ",len1=" << len1 << endl;
        cout << "b=" << b << ",len2=" << len2 << endl;
        for (int i = 0; i < len2; i++) {
            cout << "--检查i=" << i << ",b[" << i << "]=" << b[i] << endl;
            check(i); //通过函数检查数组b
        }
        cout<<"ans="<<ans<<endl;
        return 0;
    }
```

【统计单词数，beta8，完整版，去掉调试输出后】

```cpp
#include<bits/stdc++.h>
using namespace std;
char a[110] = { 0 }, b[1000100] = { 0 };
int len1, len2, ans = 0, first;
char getupper(char c) {
    char rtv = c;
    if (c >= 'a' && c <= 'z') {
        rtv = c - 32;
    }
    return rtv;
}
void check(int num) {
    int i;
    int n = num;
```

```
        if (b[num - 1] == ' ' || num == 0) {
            for (i = 0; i < len1; i++) {
                if (getupper(a[i]) == getupper(b[num])) {
                } else {
                    break;
                }
                num++;
            }
            if (i == len1 && (b[num] == ' ' || num == len2)) {
                ans++;
                if (ans == 1) {
                    first = n;
                }
            }
        }
    }
}
int main() {
    freopen("countwords.in", "r", stdin);
    freopen("countwords.out", "w", stdout);
    gets(a);
    gets(b);
    len1 = strlen(a);
    len2 = strlen(b);
    for (int i = 0; i < len2; i++) {
        check(i); //通过函数检查数组 b
    }
    cout << ans << " " << first << endl;
    return 0;
}
```

4.2 结构体

在C++编程中，可以将不同类型的数据放在一起。例如，一本书的页数是整数类型，价格是浮点型，可以将这些信息组合成一个数据集合，这个集合称为结构体。

4.2.1 结构体的定义

结构体定义的基本结构如下。

```
struct 结构体名{
    数据类型 1  成员变量名 1;
    数据类型 2  成员变量名 2;
};
```

以书为例，可以定义如下所示的结构体。

```
struct book{
    string name;
    int pagenumber;
    float price;
};
```

4.2.2 结构体的实例

【例4-9】找出最贵的书。

【题目描述】

学校给出一份书单，小明想通过程序找出最贵的一本书的书名和页数。

【输入格式】

第1行是一个整数 n（3≤n≤100），当前书单的书本数量。

第2行开始到第 n+1 行，都是书本信息，1 行包含 3 个使用空格分隔的信息，分别是书名、页数和价格，书名中只包含英文大小写字母。

【输出格式】

1 行，最贵的一本书的书名和页数，使用空格分隔。如果出现相同价格的书，则输出页数较多的一本；如果页数也相同，则输出书单中先出现的书。

【输入样例】

```
4
HarryPotter 268 37.00
ThreeBody 302 52.30
Chineasy 256 25.64
CityOfDream 358 42.31
```

【输出样例】

```
ThreeBody 302
```

【分析】

先定义书的结构体，依次读入书本信息。按题意比较价格，如果价格一样，则比较页数；如果页数也一样，则输出最先出现的书本信息。

【找出最贵的书】

```cpp
#include<bits/stdc++.h>
using namespace std;
struct book {
    int pagenumber;
    string name;
    float price;
};
int main() {
    freopen("book.in", "r", stdin);
    int n;
    book a, max;
    cin >> n;
    cin >> max.name >> max.pagenumber >> max.price;
    //cout << max.name<<" "<<max.pagenumber <<endl;
    for (int i = 1; i < n; i++) {
        cin >> a.name >> a.pagenumber >> a.price;
        if (a.price > max.price || (a.price == max.price && a.pagenumber > max.pagenumber)) {
            max.name = a.name;
            max.pagenumber = a.pagenumber;
            max.price = a.price;
        }
    }
    cout << max.name << " " << max.pagenumber << endl;
    return 0;
}
```

【例 4-10】旗鼓相当的对手（加强版）。

【题目描述】

现有 n（n≤1000）位学生参加了期末考试，并且获得了每位学生的信息：姓名（不超过 10 个字符的字符串）、语文、数学、英语成绩（均为不超过 150 的自然数）。如果某对学生<i,j> 的每一科成绩的分差都不大于 5，且总分分差不大于 10，那么这对学生就是"旗鼓相当的对手"。

现在想知道这些学生中，有哪些是"旗鼓相当的对手"。

> **注意**
>
> 同样一位学生可能会和其他好几位学生结对。要求输出每对"旗鼓相当的对手"的姓名，姓名按出现的顺序排列。

【输入格式】

第 1 行 1 个正整数 n。

接下来的 n 行，每行一个字符串和 3 个整数，其中第 i 行表示第 i 位学生的姓名、语文、数学、英语成绩。

【输出格式】

多行，每行都是 1 对"旗鼓相当的对手"。输出姓名，先出现的姓名在前。

【输入样例】

```
3
Zhangsan 90 90 90
Lisi 85 95 90
Wangwu 80 100 91
```

【输出样例】

```
Zhangsan Lisi
Lisi Wangwu
```

【分析】

这个加强版的输入信息包含了字符串和数值两种类型，使用结构体把一个同学的信息包装在一起，可以有效地简化编程。在判断是否为"旗鼓相当的对手"时，也可以利用面向对象的思想，利用函数判断结构体。

【旗鼓相当的对手（加强版）】

```cpp
#include<bits/stdc++.h>
using namespace std;
struct student {
    string name;
    int chinese, math, english;
};
student a[1010];
bool check(student x, student y) {
    if (abs(x.chinese - y.chinese) <= 5 && abs(x.math - y.math) <= 5 && abs(x.english
- y.english) <= 5 && abs(x.chinese + x.math + x.english - y.chinese - y.math - y.english)
<= 10) {
        return true;
```

```
    } else {
        return false;
    }
}
int main() {
    int n;
    cin >> n;
    //cout <<n<<endl;
    for (int i = 0; i < n; i++) {
        cin >> a[i].name >> a[i].chinese >> a[i].math >> a[i].english;
    }
    for (int i = 0; i < n; i++) {
        for (int j = i + 1; j <= n; j++) {
            if (check(a[i], a[j])) {
                cout << a[i].name << " " << a[j].name << endl;
            }
        }
    }
    return 0;
}
```

【例 4-11】猴子选大王。

【题目描述】

美猴王离开了花果山之后，山上一直没有猴王，随着猴子数量的增加，众猴决定选出一个猴子当大王。经过协商，决定选出大王的规则：n 只猴子围成一圈，编号为 1～n。从编号为 1 的猴子开始报数，每次报到 m 时，对应的猴子就出圈，从下一只猴子继续开始报数，报到 m 的猴子也退圈，如此循环直到剩下最后一只猴子，最后剩下的猴子就是大王。

【输入格式】

1 行，使用空格分隔的 2 个整数，依次是猴子数 n 和每次报的数字 m。

(1<=n<=100000,3<=m<=1000)

【输出格式】

1 行，1 个正整数，最后剩下猴子的编号。

【输入样例】

11 3

【输出样例】

7

【分析】

使用编程模拟数数的过程。使用结构体定义猴子，每只猴子都有自己的编号和对应后续的编号。

猴子的编号	1	2	3	4	5	6	7	8	9	10	11
后续猴子的编号	2	3	4	5	6	7	8	9	10	11	1
编号 3 退出	2	4		5	6	7	8	9	10	11	1
编号 6 退出	2	4		5	7		8	9	10	11	1
编号 9 退出	2	4		5	7		8	10		11	1
编号 1 退出		4		5	7		8	10		11	2

（续表）

编号 5 退出		4		7		8	10		11	2
编号 10 退出		4		7		8	11			2
编号 4 退出		7				8	11			2
编号 11 退出		7				8	2			
编号 8 退出		7				2				
编号 2 退出						7				

【猴子选大王】

```cpp
#include<bits/stdc++.h>
using namespace std;
struct monkey {
    int num, next;
};
monkey a[1010];
int main() {
    int n, m, count, remain, cur, pre;
    cin >> n >> m;
    //cout << "n=" << n << endl;
    for (int i = 1; i < n; i++) {
        a[i].num = i;
        a[i].next = i + 1;
    }
    a[n].num = n;
    a[n].next = 1;
    remain = n;
    cur = 1; //从第 1 个开始
    pre = n; //前一个是 n
    count = 0;
    while (remain > 1) {
        count++;
        if (count == m) {
            a[pre].next = a[cur].next;
            remain--;
            count = 0;
            //cout << "退出: " << a[cur].num << endl;
        } else {
            pre = cur;
        }
        cur = a[cur].next;
    }
    cout << a[cur].num << endl;
    return 0;
}
```

4.2.3 运算符重载

整型可以进行加、减、乘、除相关操作，自定义的结构体也可以自定义相关操作。例如，两个时间相减，应该得到一个时间段，两个日期相减，可以得到一个天数。

重载运算符是带有特殊名称的函数，函数名是由关键字 operator 和其后要重载的运算符的符号构成的。例如：

```
mytime operator+(const mytime &);
```

声明加法运算符用于把两个 mytime 结构体相加，返回最终的 mytime 对象。

重载运算符的基本结构如下。

```
struct 结构体名{
    数据类型1 成员变量名1;
    数据类型2 成员变量名2;
    结构体名 operator 符号(const 结构体名 变量t) const {
        //自定义运算
        return 变量(结构体);
    }
};
```

以基本结构为范本，创建时间的结构体 mytime，包含时间的 3 个成员，分别是小时、分钟和秒。为了简便实现时间的加法运算，在结构体 mytime 中重载加法运算。

【例 4-12】在时间结构体中重载加法运算符。

结构体 mytime，整数变量 h、m、s，在结构体的重载加法运算符函数中，变量 x 是需要加的时间，变量 x 也是结构体 mytime 的一个实例，同样有 h、m、s 这 3 个数据成员。

```
struct mytime {
    int h, m, s;
};
```

【在时间结构体中重载加法运算符】

```
#include<bits/stdc++.h>
using namespace std;
struct mytime {
    int h, m, s;
    mytime operator +(const mytime x) const {
        mytime t;
        int second = (h + x.h) * 3600 + (m + x.m) * 60 + s + x.s;
        t.s = second % 3600 % 60;
        t.m = second % 3600 / 60;
        t.h = second / 3600;
        return t;
    }
};
int main() {
    mytime a, b;
    a.h = 2;    a.m = 35;    a.s = 50;
    b.h = 1;    b.m = 45;    b.s = 40;
    a = a + b;
    cout<<"a.h="<<a.h<<",a.m="<<a.m<<",a.s="<<a.s<<endl;
    return 0;
}
```

运算结果如下：

```
a.h=4,a.m=21,a.s=30
```

【分析】

在定义中声明了一个变量 t，将已有 h、m、s 和变量 x 的 h、m、s 做加法运算。在运算过程中需要处理进位关系，即如果秒数相加达到 60 秒，就增加 1 分钟。

在重载运算符的定义中，第 1 个 **const** 的作用是声明在重载运算符过程中不可修改的参数变量 x，第 2 个 **const** 的作用是声明在重载运算符的过程中不可修改结构体的数据成员

h、m、s。

在结构体中完成了重载操作符+后，在 main()函数中就可以使用符号+实现 2 个时间相加，main()函数中的 a=a+b，变量 a 是 2 小时 35 分 50 秒，变量 b 是 1 小时 45 分 40 秒，相加后的结果是 4 小时 21 分 30 秒。程序按照对符号+的定义合成相关操作，并将返回值 4 小时 21 分 30 秒重新赋值给变量 a。

其他数学运算符-、*、/、=也可以和+一样进行重载。代码结构基本一致。

【例 4-13】在时间结构体中重载减法运算符。

```
mytime operator -(const mytime x) const {
    mytime t;
    int s1 = h * 3600 + m * 60 + s;
    int sx = x.h * 3600 + x.m * 60 + x.s;
    int second = s1 - sx;
    t.s = second % 3600 % 60;
    t.m = second % 3600 / 60;
    t.h = second / 3600;
    return t;
}
```

【例 4-14】在时间结构体中重载赋值操作。

```
mytime operator =(const mytime t) {
    h = t.h; m = t.m; s = t.s;
    return t;
}
```

除了常见的运算符+、-、*、/可以重载，逻辑运算符<、>、<=、>=、==、!=也可以重载，自定义相关操作和返回类型。

重载逻辑运算符的基本结构如下。

```
struct 结构体名{
    数据类型 1  成员变量名 1;
    数据类型 2  成员变量名 2;
    bool operator 符号(const 结构体名 t) const {
        //自定义逻辑判断运算
        return 布尔类型;
    }
};
```

在重载运算符的定义中，第 1 个 **const** 和第 2 个 **const** 的作用和之前的作用一致，第 1 个 **const** 的作用是声明在重载运算符过程中不可修改的参数变量 t，第 2 个 **const** 的作用是声明不可修改结构体的数据成员。

【例 4-15】重载运算符==、>和<，实现时间的比较。

```
#include <bits/stdc++.h>
using namespace std;
struct mytime {
    int h, m, s;
    bool operator ==(const mytime x) const {
        return (h*3600 + m*60 + s)==(x.h*3600 + x.m*60 + x.s);
    }
    bool operator >(const mytime x) const {
        return (h*3600 + m*60 + s)>(x.h*3600 + x.m*60 + x.s);
    }
    bool operator <(const mytime x) const {
```

```
        return (h*3600 + m*60 + s)<(x.h*3600 + x.m*60 + x.s);
    }
};
int main(){
    mytime a, b;
    a.h = 2;    a.m = 35;    a.s = 50;
    b.h = 1;    b.m = 45;    b.s = 40;
    cout<<"(a==b):"<<(a==b)<<endl;
    cout<<"(a>b):"<<(a>b)<<endl;
    cout<<"(a<b):"<<(a<b)<<endl;
    return 0;
}
```

运行结果如下：

```
(a==b):0
(a>b):1
(a<b):0
```

在旗鼓相当的对手（加强版）中，为了计算两位学生是不是旗鼓相当的对手，需要计算语文、数学、英语和总分的分数差。之前采用的方式是声明了一个函数，把两位学生的信息作为参数传递给函数，由函数返回一个布尔值，作为是不是旗鼓相当的对手的标记。

在结构体中重载运算符==之后，就可以直接判断两个结构体 student 是否是旗鼓相当的对手。

【例 4-16】重载运算符==，判断是否是旗鼓相当的对手。

```
#include<bits/stdc++.h>
using namespace std;
struct student {
    string name;
    int chinese, math, english;
    bool operator ==(const student t) const {
        if (abs(chinese-t.chinese)<=5&&abs(math-t.math) <= 5
            && abs(english - t.english) <= 5
            && abs(chinese + math + english - t.chinese - t.math - t.english) <= 10) {
            return true;
        } else {
            return false;
        }
    }
};
student a[1010];
int main() {
    int n;
    cin >> n;
    for (int i = 0; i < n; i++) {
        cin >> a[i].name >> a[i].chinese >> a[i].math >> a[i].english;
    }
    for (int i = 0; i < n; i++) {
        for (int j = i + 1; j <= n; j++) {
            //重载==后,就可以直接使用==判断结构体是否是旗鼓相当的对手
            if (a[i] == a[j]) {
                cout << a[i].name << " " << a[j].name << endl;
            }
        }
    }
    return 0;
}
```

整型、浮点型等数据可以从键盘（标准输入输出）直接输入，自定义的结构体也可以像基础类型一样，直接从键盘获取信息。重载输入输出运算符可以简化从标准输入输出到结构体的转换过程。

重载输入输出运算符的基本结构如下：

```
struct 结构体名{
    数据类型1  成员变量名1;
    数据类型2  成员变量名2;
    friend istream& operator >>(istream &in, 结构体名 &t){
        //自定义将标准输入转换为结构体的过程
        return in;
    }
    friend ostream& operator <<(ostream &out,const 结构体名 &t) {
        //自定义结构体到标准输出的内容
        return out;
    }
};
```

在重载输入输出运算符的定义中，只有输出语句可以添加 const，表明输出后，结构体的内容不可以变化。

【例 4-17】重载输入输出运算符>>和<<。

```
#include <bits/stdc++.h>
using namespace std;
struct mytime {
    int h, m, s;
    friend istream& operator >>(istream &in,mytime &t){
        string s;
        in >> s;
        t.h=(s[0]-'0')*10+s[1]-'0';
        t.m=(s[3]-'0')*10+s[4]-'0';
        t.s=(s[6]-'0')*10+s[7]-'0';
        return in;
    }
    friend ostream& operator <<(ostream &out,const mytime &t) {
        if(t.h<10){ out<<"0";}     out<<t.h<<":";
        if(t.m<10){ out<<"0";}     out<<t.m<<":";
        if(t.s<10){ out<<"0"; }    out<<t.s;
        return out;
    }
};
int main(){
    mytime a, b;
    cin >>a >>b;
    cout<<"a="<<a<<",b="<<b<<endl;
    return 0;
}
```

运行时输入

```
00:27:00
01:03:38
```

运行结果如下：

```
00:27:00
01:03:38
a=00:27:00,b=01:03:38
```

4.2.4 运算符重载实例

【例 4-18】面积最大的三角形。

【题目描述】

某工厂流水线上产生很多三角形的废料，工程师用光学测量仪器记录了这些三角形的 3 条边长。现在需要你协助编程找出所有废料三角形中面积的最大值（要求使用结构体和操作符重载）。

【输入格式】

第 1 行，n（2<n<1000）。

第 2 行到第 n+1 行，每行 3 个整数 a、b、c，使用空格分隔（3≤a,b,c≤1000）。

【输出格式】

1 行，最大的三角形面积，小数点后保留 2 位有效数字。

【输入样例】

```
3
3 4 5
100 100 1
3 3 3
```

【输出样例】

```
50.00
```

【分析】

题目要求找出面积最大的三角形，按题意要求，需要多次计算并比较三角形的面积大小。为了简化编程过程，将三角形定义为结构体，在结构体中实现面积的计算和比较。

【面积最大的三角形】

```cpp
#include <bits/stdc++.h>
using namespace std;
struct triangle {
    double a,b,c;
    bool operator ==(triangle t) {
        return area() == t.area();
    }
    bool operator <(triangle t) {
        return area() < t.area();
    }
    bool operator >(triangle t) {
        return area() > t.area();
    }
    triangle operator =(const triangle t) {
        a = t.a;
        b = t.b;
        c = t.c;
        return t;
    }
    double area() {
        double p = (a + b + c) / 2;
        return sqrt(p * (p - a) * (p - b) * (p - c));
    }
    friend istream& operator >>(istream &in,triangle &t){
        in >> t.a >> t.b >> t.c;
        return in;
```

```
    }
    friend ostream& operator <<(ostream &out,triangle &t) {
        out<<"a:"<<t.a<<",b:"<<t.b<<",c:"<<t.c<<endl;
        return out;
    }
};
int main(){
    int n;
    triangle s[1010], max;
    cin >> n;
    cin >> max;
    //cout<<"max="<<max<<endl;
    for (int i = 1; i < n; i++) {
        cin >> s[i];
        if (max < s[i]) {
            max = s[i];
        }
    }
    printf("%.2lf", max.area());
    return 0;
}
```

【例 4-19】铁人三项成绩统计。

【题目描述】

铁人三项是将游泳、自行车和跑步这 3 项运动结合起来的一项运动项目，是考验运动员体力和意志的运动项目。每年的全国铁人三项锦标赛云集了全国的众多选手。小明在比赛中担任了成绩记录员的工作，已经记录了所有参赛选手的姓名、3 个项目的单独时间，请从中统计出综合冠军（3 项时间和最少）和单项冠军（单项时间最少）。

综合冠军就是 3 个项目的时间加总后最少的选手，单项冠军就是在某个项目中耗时最少的选手。

【输入格式】

第 1 行一个正整数 n，参赛选手的数量（6≤n≤1000）。

接下来 n 行，每行是使用空格分隔的一个字符串和 3 个时间（时间确保格式为 hh:mm:ss），表示该选手的姓名、游泳、自行车和跑步的时间。

【输出格式】

输出 4 行，使用空格分隔的一个字符串和 3 个时间。

第 1 行是综合冠军的姓名、总时间、游泳、自行车和跑步的时间。

第 2 行是游泳单项冠军的姓名、游泳时间。

第 3 行是自行车单项冠军的姓名、自行车时间。

第 4 行是跑步单项冠军的姓名、跑步时间。

【输入样例】

```
10
LiudeBin 00:26:34 01:02:28 00:39:06
JiangQinghai 00:27:00 01:03:38 00:38:57
LiChen 00:22:20 01:05:13 00:38:44
BenjaminDavid 00:26:57 00:59:01 00:35:13
ZhuLixun 00:26:51 01:02:08 00:38:05
BjoernMeyer 00:26:47 01:02:24 00:38:12
LinHaoran 00:27:21 01:02:45 00:38:23
```

```
LewSteven 00:25:43 01:05:18 00:36:43
MiaoHao 00:20:11 00:58:03 00:35:16
PeterWolkowicz 00:22:33 01:00:40 00:35:10
```

【输出样例】

```
MiaoHao 01:53:30 00:20:11 00:58:03 00:35:16
MiaoHao 00:20:11
MiaoHao 00:58:03
PeterWolkowicz 00:35:10
```

【分析】

这个题目的总体思路并不复杂，将第 1 个选手的成绩作为基准，此后读入的其他选手的成绩和这个选手作比较，如果出现更好的成绩，就替换。最终输出。

这个题目的难点在于时间信息的处理，在输入时，时间是作为字符输入的，需要将字符转化为时间，然后要在多个成绩（时间）之间做加法和逻辑比较，寻找更好的成绩。

将时间定义为结构体，在结构体中定义输入输出符、加法运算符、赋值运算符、逻辑运算符。这样可以简化编程的过程。

【铁人三项成绩统计】

```cpp
#include <bits/stdc++.h>
using namespace std;
struct mytime {
    int h, m, s;
    mytime operator +(const mytime x) const {
        mytime t;
        int second = (h+x.h) * 3600 + (m + x.m) * 60 + s + x.s;
        t.s = second % 3600 % 60;
        t.m = second % 3600 / 60;
        t.h = second / 3600;
        return t;
    }
    void operator =(const mytime t) {
        h = t.h; m = t.m; s = t.s;
    }
    bool operator==(const mytime x) const{
        return (h*3600 + m*60 + s)==(x.h*3600 + x.m*60 + x.s);
    }
    bool operator>(const mytime x) const{
        return (h*3600 + m*60 + s)>(x.h*3600 + x.m*60 + x.s);
    }
    bool operator<(const mytime x) const{
        return (h*3600 + m*60 + s)<(x.h*3600 + x.m*60 + x.s);
    }
    friend istream& operator>>(istream &in,mytime &t){
        string s;
        in >> s;
        t.h=(s[0]-'0')*10+s[1]-'0';
        t.m=(s[3]-'0')*10+s[4]-'0';
        t.s=(s[6]-'0')*10+s[7]-'0';
        return in;
    }
    friend ostream& operator<<(ostream &out,const mytime &t) {
        if(t.h<10){ out<<"0";}      out<<t.h<<":";
        if(t.m<10){ out<<"0";}      out<<t.m<<":";
        if(t.s<10){ out<<"0"; }     out<<t.s;
        return out;
```

```
    }
};
int main(){
    freopen("triathlon.in","r",stdin);
    freopen("triathlon.out","w",stdout);
    //t 表示临时,g 表示综合,y 表示游泳,z 表示自行车,p 表示跑步
    string t,g,y,z,p;
    //gs 表示综合总时间,gs1、gs2、gs3 表示综合分项时间
    //ys 表示游泳冠军时间,zs 表示自行车冠军时间,ps 表示跑步冠军时间
    mytime t1,t2,t3,gs,gs1,gs2,gs3,ys,zs,ps;
    int n;
    cin >> n;
    //读取第 1 个数据到综合冠军,后面输入的数据和它进行比较
    cin>>g>>gs1>>gs2>>gs3;
    //读取第 1 个数据到 3 个分项冠军,后面输入的数据和它进行比较
    y=z=p=g;
    ys=gs1;
    zs=gs2;
    ps=gs3;
    //第 1 个(0)已经读取,从 1 开始
    for(int i=1;i<n;i++){//读取到临时变量 t,t1,t2,t3
        cin>>t>>t1>>t2>>t3;
        //cout<<t<<" "<<t1<<" "<<t2<<" "<<t3<<endl;
        if((t1+t2+t3)<(gs1+gs2+gs3)){//新综合冠军成绩
            g=t;            gs1=t1;            gs2=t2;
            gs3=t3;      gs=gs1+gs2+gs3;
        }
        if(t1<ys){//新游泳冠军
            y=t;            ys=t1;
        }
        if(t2<zs){//新自行车冠军
            z=t;            zs=t2;
        }
        if(t3<ps){//新跑步冠军
            p=t;            ps=t3;
        }
    }
    cout<<g<<" "<<gs<<" "<<gs1<<" "<<gs2<<" "<<gs3<<endl;
    cout<<y<<" "<<ys<<endl;
    cout<<z<<" "<<zs<<endl;
    cout<<p<<" "<<ps<<endl;
    return 0;
}
```

【例 4-20】统计指定年份的日期天数差。

【题目描述】

信奥小学六年级的学生全部出生于 2010 年,学校已经统计了每一位学生生日的月份和日期信息。请统计所有学生的生日天数差中的最大天数和最小天数。

例如,小明的生日是 1 月 21、小红的生日是 1 月 23 日,小明和小红的生日相差 2 天。

【输入格式】

第 1 行,1 个数字,需要统计的人数 n(20≤n≤100)。

第 2 行开始之后的 n 行,每行是一位学生的生日月份和日期信息。月份和日期之间使用英文半角字符/分隔,所有字符不足两位的,左侧补 0。

例如,1 月 21 日记为 01/21,12 月 30 日记为 12/30。

【输出格式】

1 行，使用两个空格分隔的整数，依次是所有学生的生日天数差中的最大天数和最小天数。

【输入样例】

```
3
02/01
02/28
02/22
```

【输出样例】

```
27 6
```

【数据说明】

2 月 1 日到 2 月 28 日为 27 天，2 月 22 日到 2 月 28 日为 6 天。

【分析】

题目限定了所有学生的生日都是 2010 年，简化了问题难度。首先确定 2010 年不是闰年，就可以确定 2010 年的所有月份的天数。计算从 1 月 1 日到每个生日的天数，如图 4-4 所示。

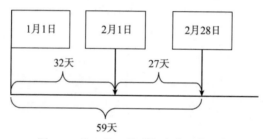

图 4-4 从 1 月 1 日到每个生日的天数

从 1 月 1 日开始，到 2 月 1 日是第 32 天，到 2 月 28 日是第 59 天，所以 2 月 1 日到 2 月 28 日间隔了 27 天。

按这个思路，构造一个数组，分别代表不同月份的天数，在程序中按需要统计。在统计时，只需要统计到当前这个月份之前的月份，统计后加上当前月份实际的终止日期。

程序中完成了结构体 birthday 的定义，输入输出和减法运算。减法运算需要返回两个生日的间隔日期天数，所以返回类型为整数类型。在减法运算时，为了避免出现负数，先判断了两个生日的大小，再完成减法。

【统计指定年份的日期天数差】

```cpp
#include <bits/stdc++.h>
using namespace std;
int day[13]={0,31,28,31,30,31,30,31,31,30,31,30,31};
struct birthday{
    int m,d;//1 20
    int operator -(const birthday x) const {
        int d1=0,d2=0;
        for(int i=0;i<m;i++){
            d1+=day[i];
        }
        d1+=d;
        for(int i=0;i<x.m;i++){
```

```
            d2+=day[i];
        }
        d2+=x.d;
        if(d1<d2){
            swap(d1,d2);
        }
        return d1-d2;
    }
    friend istream & operator >>(istream &in,birthday &t){
        string s;
        in >> s;//06-26
        t.m=(s[0]-'0')*10+s[1]-'0';
        t.d=(s[3]-'0')*10+s[4]-'0';
        return in;
    }
    friend ostream & operator <<(ostream &out,const birthday &t) {
        if(t.m<10){ out<<"0";}        out<<t.m<<"/";
        if(t.d<10){ out<<"0"; }       out<<t.d;
        return out;
    }
};

int main(){
    int n,mx=-1,mn=370,t;
    birthday b[10010];
    cin>> n;
    //cout<<"n="<<n<<endl;
    for(int i=0;i<n;i++){
        cin>>b[i];
        //cout<<"b["<<i<<"]"<<b[i]<<endl;
    }
    for(int i=0;i<n;i++){
        for(int j=i+1;j<n;j++){
            t=b[i]-b[j];
            //cout<<"i="<<i<<",j="<<j<<",t="<<t<<endl;
            //cout<<"t="<<t<<endl;
            if(t>mx){
                mx=t;
            }
            if(t<mn){
                mn=t;
            }
        }
    }
    cout<<mx<<" "<<mn<<endl;
    return 0;
}
```

【例 4-21】统计日期天数差。

【题目描述】

信奥中学的学生出生于 2004 年～2010 年，学校已经统计了每一位学生的生日信息。请统计所有学生的生日天数差中的最大天数和最小天数。

例如，小明的生日是 2008 年 1 月 21 日、小红的生日是 2008 年 1 月 23 日，小明和小红的生日相差 2 天。

【输入格式】

第 1 行，1 个数字，需要统计的人数 n（20≤n≤100）。

第 2 行开始之后的 n 行，每行是一位学生的生日信息。年份、月份和日期之间使用英文半角字符/分隔，所有字符不足两位的，左侧补 0。

例如，2008 年 1 月 21 日记为 2008/01/21。

【输出格式】

2 行。

第 1 行，使用空格分隔的 3 个部分，第 1 部分是所有学生中，生日差的最大天数；第 2 和第 3 部分分别是对应的组合中的较早日期和较晚日期。如果有多个组合，输出按输入顺序出现的第 1 个组合。

第 2 行，使用空格分隔的 3 个部分，第 1 部分是所有学生中，生日差的最小天数；第 2 和第 3 部分分别是对应的组合中的较早日期和较晚日期。如果有多个组合，输出按输入顺序出现的第 1 个组合。

【输入样例】

```
3
2008/02/01
2008/02/28
2008/02/22
```

【输出样例】

```
27 6
```

【数据说明】

2008 年 2 月 1 日到 2008 年 2 月 28 日为 27 天，2008 年 2 月 22 日到 2008 年 2 月 28 日为 6 天。

【分析】

在例 4-21 中没有限定年份，有可能跨年，跨过的年份中还有可能是闰年，使问题复杂化。

为了简化问题讨论，将前一个日期从当年的 1 月 1 日开始计算的天数记为 day1。将后一个日期从当年的 1 月 1 日开始计算的天数记为 day2，将前一个日期当年的 1 月 1 日到后一个日期当年的 1 月 1 日之前的整年的天数记为 day3。由图 4-5 可以看出：两个生日之间的差值=day3+day2-day1。

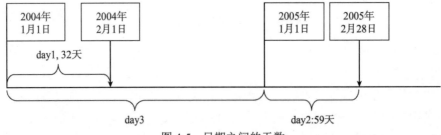

图 4-5 日期之间的天数

【统计日期天数差】

```
#include <bits/stdc++.h>
using namespace std;
```

```cpp
int isLeap(int year){
    return (year % 4 == 0 && year % 100 != 0)||year % 400 == 0;
}
int getDay(int year,int month){
    int num=30;
    if(month==1||month==3||month==5||month==7||month==8||month==10||month==12){
        num=31;
    }
    if(month==2){
        num=28+isLeap(year);
    }
    return num;
}
struct birthday{
    int y,m,d;
    bool operator>(const birthday x) const{
        bool rtv=true;
        if(y<x.y ||(y==x.y && m<x.m) ||(y==x.y && m==x.m && d<x.d)){
            rtv=false;
        }
        return rtv;
    }
    birthday operator =(const birthday t) {
        y = t.y; m = t.m; d = t.d;
        return t;
    }
    int operator -(const birthday x) const {
        //判断大小
        int rtv=0,y1,m1,d1,y2,m2,d2;
        int day1=0,day2=0,day3=0;//day3 是中间的整年
        if(y<x.y ||(y==x.y && m<x.m) ||(y==x.y && m==x.m && d<x.d)){
            //第 2 个大
            y1=y;m1=m;d1=d;y2=x.y;m2=x.m;d2=x.d;
        }else{
            y2=y;m2=m;d2=d;y1=x.y;m1=x.m;d1=x.d;
        }
        day1=0;day2=0;
        for(int i=0;i<m1;i++){
            day1+=getDay(y1,i);
        }
        day1+=d1;

        for(int i=0;i<m2;i++){
            day2+=getDay(y2,i);
        }
        day2+=d2;
        //如果跨年
        //cout<<"day1="<<day1<<",day2="<<day2<<endl;
        for(int i=y1;i<y2;i++){
            if(isLeap(i)){
                day3+=366;
            }else{
                day3+=365;
            }
        }
        //cout<<"day3="<<day3<<endl;
        rtv=day3+day2-day1;
        return rtv;
    }
    friend istream & operator >>(istream &in,birthday &t){
        string s;
```

```
            in >> s;//1977/06/26
            t.y=(s[0]-'0')*1000+(s[1]-'0')*100+(s[2]-'0')*10+(s[3]-'0');
            t.m=(s[5]-'0')*10+s[6]-'0';
            t.d=(s[8]-'0')*10+s[9]-'0';
            return in;
        }
        friend ostream & operator <<(ostream &out,const birthday &t) {
            out<<t.y<<"/";
            if(t.m<10){ out<<"0";}        out<<t.m<<"/";
            if(t.d<10){ out<<"0"; }       out<<t.d;
            return out;
        }
};
int main(){
    int n,mx=0,mn=370,t;
    birthday b[10010];
    cin>> n;
    //cout<<"n="<<n<<endl;
    for(int i=0;i<n;i++){
        cin>>b[i];
        //cout<<"b["<<i<<"]"<<b[i]<<endl;
    }
    //cout<<b[3]-b[0]<<endl;
    for(int i=0;i<n;i++){
        for(int j=i+1;j<n;j++){
            t=b[i]-b[j];
            //cout<<"i="<<i<<",j="<<j<<",t="<<t<<endl;
            //cout<<"t="<<t<<endl;
            if(t>mx){
                mx=t;
            }
            if(t<mn){
                mn=t;
            }
        }
    }
    cout<<mx<<" "<<mn<<endl;
    return 0;
}
```

【思考练习】

习题 4-1：按题意，编写 narcissus 函数，判断是否是水仙花数

【题目描述】

水仙花数是指一个 3 位数，它的每个位上的数字的 3 次幂之和等于它本身。例如，$1×1×1 + 5×5×5+ 3×3×3 =153$。

编程，判断输入的 3 位数是否是符合条件的水仙花数。

【输入格式】

1 行，一个 3 位数字。

【输出格式】

1 行，如果是水仙花数，则输出 Yes；如果不是水仙花数，则输出 No。

【输入样例 1】

154

【输出样例 1】

No

【输入样例 2】

153

【输出样例 2】

```
Yes
#include <iostream>
using namespace std;
bool narcissus(int m) {
    //判断是否是水仙花数
}
int main() {
    int n;
    cin >> n;
    if (narcissus(n)) {
        cout << "Yes";
    } else {
        cout << "No";
    }
    return 0;
}
```

习题 4-2：赦免俘虏

【题目描述】

泰坦星分为两个阵营：方形派和圆形派。方形派在一次战斗后捕获了 $2^n \times 2^n$（$n \leq 10$）名俘虏，这些俘虏站成一个正方形方阵等候方形派首领的发落。首领决定赦免一些俘虏，并允许他们加入方形派。他将正方形矩阵均分为 4 个更小的正方形矩阵，每个更小的矩阵的边长是原矩阵的一半。其中，左上角那一个矩阵的所有俘虏都将得到赦免，剩下 3 个小矩阵中，每一个矩阵继续分为 4 个更小的矩阵，然后通过同样的方式赦免俘虏……直到矩阵无法再分下去为止。所有没有被赦免的俘虏都将被判处长期劳役。

给出 n，请输出每名俘虏的命运，其中 0 代表被赦免，1 代表不被赦免。

【输入格式】

1 行，1 个整数 n。

【输出格式】

$2^n \times 2^n$ 的 1 个矩阵，代表每个俘虏是否被赦免。数字之间使用一个空格分隔。

【输入样例】

3

【输出样例】

```
0 0 0 0 0 0 0 1
0 0 0 0 0 0 1 1
0 0 0 0 0 1 0 1
0 0 0 0 1 1 1 1
```

```
0 0 0 1 0 0 0 1
0 0 1 1 0 0 1 1
0 1 0 1 0 1 0 1
1 1 1 1 1 1 1 1
```

习题 4-3：第 k 名是谁？

【题目描述】

马拉松比赛有 n 个人跑完了全程，所用的时间各不相同，颁奖时增加了一个抽奖环节，由嘉宾摇号，随机抽取一个数字 k，奖励第 k 名奖金。现在组委会给出了 n 个人的姓名、成绩（时间，整数，单位为秒），请编程确定第 k 名的姓名。

【输入格式】

第 1 行，整数 n 和 k，n 是跑完全程的人数，k 是抽奖确定的幸运儿名次。

第 2 行到第 n+1 行，每行 1 个选手数据，使用空格分隔的姓名（拼音）和比赛成绩。

【输出格式】

1 行，抽奖幸运儿的姓名。

【输入样例】

```
5 3
wangwu 2308
xiaoming 3012
zhangsan 4083
lisi 2301
zhangwuji 3901
```

【输出样例】

```
xiaoming
```

习题 4-4：验证哥德巴赫猜想

【题目描述】

输入一个偶数 n（n≤10000），验证 4～n 范围内所有偶数是否符合哥德巴赫猜想：任意一个大于 2 的偶数都可以写成两个质数之和。如果一个数不止一种分法，则输出第一个加数相比其他分法是最小的方案。例如，10，10=3+7=5+5，则 10=5+5 是错误答案。

【输入格式】

1 行，1 个整数 n。

【输出格式】

多行，所有符合条件的方案。

【输入样例】

```
10
```

【输出样例】

```
4=2+2
6=3+3
8=3+5
10=3+7
```

第 5 章

基础算法

我们运用计算机处理实际问题时，需要将实际问题抽象为一个数学模型，也就是通常所说的"建模"，然后通过编程语言和数学模型结合，借助计算机的快速处理能力解决实际问题，算法就是解决问题的方法。常见的算法有枚举、模拟、递推、递归、回溯、排序、高精度计算、搜索、贪心、分治和动态规划。

5.1 算法描述

算法是对解决问题方案的准确完整描述，算法需要对输入的信息进行处理，在有限时间内给出结果。算法可以使用一系列指令描述，也可以使用自然语言描述，在描述中，重点是清晰呈现对输入信息的处理过程。

算法的描述方式有 3 种：自然语言、流程图和伪代码。这里以百鸡百钱问题为例，举例说明这 3 种描述方式的不同。

【题目描述】

我国古代数学家张丘建在《算经》一书中提出一个数学问题：鸡翁一，值钱五；鸡母一，值钱三；鸡雏三，值钱一。百钱买百鸡，问鸡翁、鸡母、鸡雏各几何？

翻译为现代白话文：公鸡 1 只 5 元，母鸡 1 只 3 元，小鸡 3 只 1 元，用 100 元买 100 只鸡，问有几种购买方案，每个方案中公鸡、母鸡和小鸡各多少只。

【自然语言】

在题意指定范围内寻找购买方案，公鸡的数量必然在 0～20 范围内，母鸡的数量必然在 0～33 范围内，小鸡的数量在 0～300 范围内。使用枚举算法求解这个问题，使用三重循环，组合出所有可能出现的公鸡数量、母鸡数量和小鸡数量的数字组合。

在所有的这些组合中，使用题目中的两个条件去验证是否符合题意。①公鸡数量+母鸡数量+小鸡数量=100；②购买公鸡的金额+购买母鸡的金额+购买小鸡的金额=100。

要统计有多少符合条件的购买方案，先声明一个变量 ans，并初始化为 0，遇到一个符合条件的，变量 ans 就增加 1。最后 ans 的值就是本题的答案。

【流程图】

在流程图描述算法中，使用圆角矩形表示开始和结束；使用矩形表示数据处理；使用菱形表示判断；使用带箭头的连线表示程序的运行过程，如图 5-1 所示。

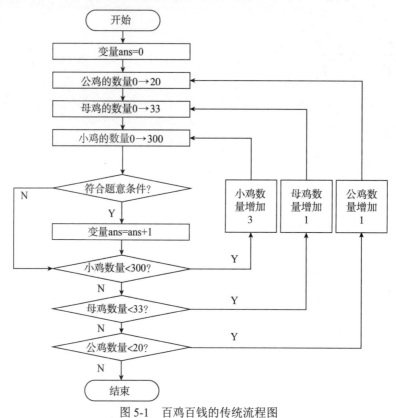

图 5-1　百鸡百钱的传统流程图

【伪代码】

伪代码并不是代码，而是使用类似于程序代码的结构和自然语言相组合，用于描述程序执行的过程。

【伪代码，中文描述】

```
变量 ans=0
循环：公鸡的数量从 0 到 20
    循环：母鸡的数量从 0 到 33
        循环：小鸡的数量从 0 到 300
            检测当前公鸡的数量、母鸡的数量和小鸡的数量是否符合题中的两个条件
输出 ans 值
```

以上伪代码也可以使用英文书写。

【伪代码，英文描述】

```
begin
ans=0
```

```
for cock=1 to 20
    for hen=1 to 33
        for chick=1 to 300
            if(cock+hen+chick==100 &&cock*5+hen*3+chick/3==100) ans++
end
```

5.2 入门算法

入门算法包括枚举和模拟两种算法，这两种算法对思维和算法设计的要求都不高。

5.2.1 枚举

枚举算法（也称穷举算法）是最直接最简单，同时也是最耗时的算法。枚举算法在解空间中枚举出所有可能的解，对每一个可能解按题意进行筛选，得到正确的解。

【例 5-1】寻找水仙花数。

【题目描述】

水仙花数是指一个 3 位数，它的每个位上的数字的 3 次幂之和等于它本身。例如，$1×1×1+5×5×5+3×3×3=153$。

编程，输入指定范围内，所有符合条件的水仙花数。

【输入格式】

1 行，使用空格分隔的两个 3 位数字。

【输出格式】

1 行，两个 3 位数字范围内，所有符合条件的水仙花数。如果指定范围内没有符合条件的记录，则输出-1。

【输入样例】

123 154

【输出样例】

153

【解题思路】

给定的两个 3 位数没有指定大小关系，需要先确定大小关系。在指定的范围内，设定变量 a 从起点到终点。如图 5-2 所示，分离出可能解（变量 a）的百位、十位和个位数字，再对这些数字进行 3 次幂求和运算，得到数字 b，比较数字 a 和数字 b，如果两者相等，说明该数字为水仙花数。

在编程前可以先写出伪代码和传统流程图，整理思路后再编码。

【流程图】

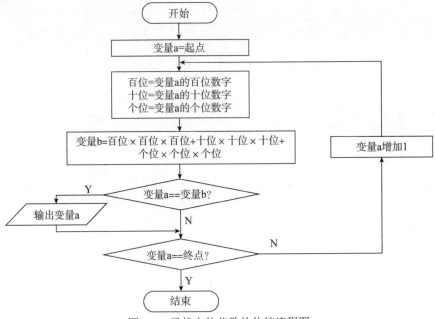

图 5-2　寻找水仙花数的传统流程图

【伪代码】

```
变量 a=起点  to  终点 {
    百位=变量 a 的百位数字
    十位=变量 a 的十位数字
    个位=变量 a 的个位数字
    变量 b=百位×百位×百位+十位×十位×十位+个位×个位×个位
    如果  变量 a  等于  变量 b
        变量 a 是水仙花数
    否则
        变量 a 不是水仙花数
}
```

【寻找水仙花数】

```cpp
#include <bits/stdc++.h>
using namespace std;
int main() {
    int n, begin, end;
    int a, b, c;
    bool flag = false;
    cin >> begin >> end;
    if (begin > end) {
        swap(begin, end);
    }
    n = begin;
    while (n < end) {
        a = n / 100;
        b = (n - a * 100) / 10;
        c = n - a * 100 - b * 10;
        if (a * a * a + b * b * b + c * c * c == n) {
            cout << n << endl;
            flag = true;
```

```
        }
        n++;
    }
    if (!flag) {
        cout << -1;
    }
    return 0;
}
```

【例 5-2】逆序乘积式。

【题目描述】

形如 $AB \times CD = BA \times DC$ 的乘积式称为逆序乘积式（A、B、C、D 这 4 个数字互不相等）。

例如，$12 \times 63 = 21 \times 36$。

编程输出，指定范围内，所有可以组成逆序乘积式的两位数组合。

输出时要注意，类似以下组合：

12×63=21×36

21×36=12×63

36×21=63×12

63×12=36×21

应当记为 1 种组合。只需要输出 AB 最小的一组即可。

【输入格式】

1 行，使用空格分隔的两个两位数 m 和 n。

【输出格式】

所有符合条件的两位数组合，如果指定范围内没有符合条件的记录，则输出-1。

【输入样例 1】

```
11 88
```

【输出样例 1】

```
1263 1284 1362 1482 2364 2463 3486 3684
```

【说明/提示】

2396 和 2693 虽然也符合逆序乘积式的基本要求，但是由于 96 和 93 大于 88，超出了限定范围，所以排除。

【输入样例 2】

```
66 88
```

【输出样例 2】

```
-1
```

【说明/提示】

由于要求两位数最小值为 66，没有符合条件的两位数，所以输出-1。

【解题思路】

等号右侧的数字是左侧的逆序数，只要左侧数字确定了，右侧数字就可以确定。等号左侧的两个数字分别枚举，解空间为[m,n]。在两重循环中完成枚举，在每一次枚举中，利用左侧数字计算出右侧的逆序数，再检测是否符合逆序乘积式的条件。符合条件的就可以输出。

【流程图】

按题意，绘制的传统流程图如图 5-3 所示。

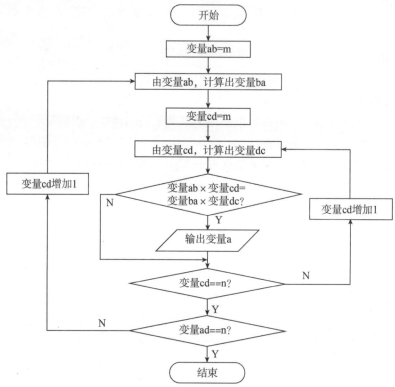

图 5-3 逆序乘积式的传统流程图

【伪代码】

```
变量 ab=m  to  n {
    ab 十位=变量 ab 的十位数字
    ab 个位=变量 ab 的个位数字
    变量 ba=ab 个位×10+ab 十位
    变量 cd=m  to  n {
        cd 十位=变量 cd 的十位数字
        cd 个位=变量 cd 的个位数字
        变量 dc=cd 个位×10+cd 十位
        如果  变量 ab×变量 cd 等于  变量 ba×变量 dc
          变量 ab,变量 cd 能构成逆序乘积式
        否则
          变量 ab,变量 cd 不能构成逆序乘积式
    }
}
```

【逆序乘积式，beta1】

```
#include <bits/stdc++.h>
using namespace std;
int calculateReverseNumber(int number) {
    int tens = number / 10;
```

```
    int ones = number - tens * 10;
    return ones * 10 + tens;
}
int main() {
    int ab, cd, ba, dc;
    int m, n;
    cin >> m >> n;
    ab = m;
    while (ab <= n) {
        ba = calculateReverseNumber(ab);
        cd = m;
        while (cd <= n) {
            dc = calculateReverseNumber(cd);
            if (ab * cd == ba * dc) {
                printf("%d%d\r\n", ab, cd);
            }
            cd++;
        }
        ab++;
    }
    return 0;
}
```

运行结果有 209 个数字，其中有相同的数字，如 1111、1122、1221，接下来修改代码，去掉相同的数字。

【逆序乘积式，beta2】

```
#include <bits/stdc++.h>
using namespace std;
int calculateReverseNumber(int number) {
    int tens = number / 10;
    int ones = number - tens * 10;
    return ones * 10 + tens;
}
int main() {
    int ab, cd, ba, dc;
    int a, b, c, d;
    int m, n;
    cin >> m >> n;
    ab = m;
    while (ab <= n) {
        ba = calculateReverseNumber(ab);
        a = ab / 10;
        b = ab - a * 10;
        cd = m;
        while (cd <= n) {
            dc = calculateReverseNumber(cd);
            c = cd / 10;
            d = cd - c * 10;
            if ((ab * cd == ba * dc) && (a != b && a != c && a != d && b != c && b != d && c != d)) {
                printf("%d%d\r\n", ab, cd);
            }
            cd++;
        }
        ab++;
    }
    return 0;
}
```

运行结果中还包含了很多重复项目，如 1263、2136、3621 和 6312，它们实际上是同一组数字，只是位置不同而已，如下。

12×63=21×36

21×36=12×63

36×21=63×12

63×12=36×21

所以，相同的数字会出现 4 次，40 个符合条件的结果，实际上只有 10 个而已。

【思考】如何增加条件，将重复出现的数字去掉呢？

【逆序乘积式，beta3】

```cpp
#include <bits/stdc++.h>
using namespace std;
int calculateReverseNumber(int number) {
    int tens = number / 10;
    int ones = number - tens * 10;
    return ones * 10 + tens;
}
int main() {
    int ab, cd, ba, dc;
    int a, b, c, d;
    int m, n;
    cin >> m >> n;
    ab = m;
    while (ab <= n) {
        ba = calculateReverseNumber(ab);
        a = ab / 10;
        b = ab - a * 10;
        cd = m;
        while (cd <= n) {
            dc = calculateReverseNumber(cd);
            c = cd / 10;
            d = cd - c * 10;
            if ((ab * cd == ba * dc) && (a != b && a != c && a != d && b != c && b != d && c != d) && (ab < ba && ab < dc && ab < cd)) {
                printf("%d%d\r\n", ab, cd);
            }
            cd++;
        }
        ab++;
    }
    return 0;
}
```

运行时输入"11 89"，结果如下：

```
1263  1284  1362  1482  2364  2463  3486  3684
```

【例 5-3】完美综合式（枚举）。

【题目描述】

下面的完美综合式包含了加、减、乘、除、乘方 5 种运算，在方框中填入适合的数字可以让综合式成立。

$$\square^{\square} +\square\div\square\square -\square\square\times\square = 0$$

所有的数字只出现 1 次，如 $3^5 +87\div29 -41\times6 = 0$ 。

在第 1 个位置填入数字 n，编程求解在这种情况下是否存在让综合式成立的数字组合。

【输入格式】

1 行，1 个数字，第 1 个方框中的数字 n。

【输出格式】

1 行或多行，如果存在让综合式成立的数字组合，按顺序输出其余 8 个数字，如果有多个组合则输出多行，如果不存在这样的组合则输出 0。

【输入样例 1】

```
3
```

【输出样例 1】

```
58729416
```

【输入样例 2】

```
2
```

【输出样例 2】

```
0
```

【解题思路】

所有数字都必须出现且只能出现 1 次，使用多重循环，依次枚举每个数字，再检测是否符合综合式的成立条件。

在检测综合式成立条件时，要注意除法运算会产生小数，小数属于浮点数，在程序中比较浮点数的大小会涉及浮点数的精度问题。可以把除法运算转换为乘法运算，避免产生浮点数。

【流程图】

按题意，绘制的传统流程图如图 5-4 所示。

【伪代码】

```
位置1=n
位置2=1 to 9{
    位置3=1 to 9{
        位置4=1 to 9{
            位置5=1 to 9{
                位置6=1 to 9{
                    位置7=1 to 9{
                        位置8=1 to 9{
                            位置9=1 to 9{
                                如果    位置1到位置9没有重复数字出现
                                    如果    位置1到位置9符合完美综合式条件
                                        输出位置1到位置9
                                }
                            }
                        }
                    }
                }
            }
        }
    }
}
```

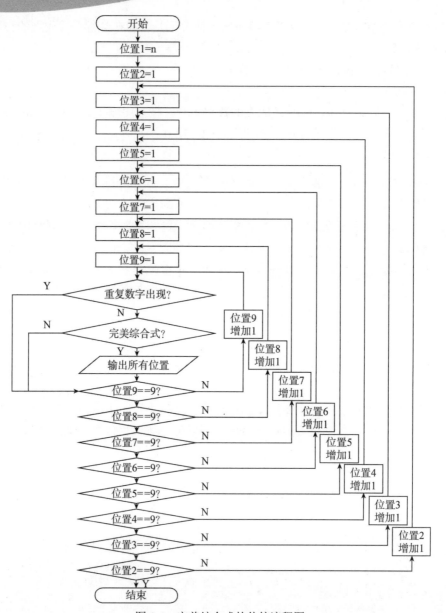

图 5-4　完美综合式的传统流程图

【完美综合式，beta1】

```cpp
#include <bits/stdc++.h>
using namespace std;
int main() {
    int n, sum = 0;
    int i1, i2, i3, i4, i5, i6, i7, i8, i9;
    int flag;
    int a[11];
    int p, q, j;
    int left, right, ab;
    cin >> n;
    i1 = n;
    for (i2 = 1; i2 <= 9; i2++) {
```

```
        for (i3 = 1; i3 <= 9; i3++) {
            for (i4 = 1; i4 <= 9; i4++) {
                for (i5 = 1; i5 <= 9; i5++) {
                    for (i6 = 1; i6 <= 9; i6++) {
                        for (i7 = 1; i7 <= 9; i7++) {
                            for (i8 = 1; i8 <= 9; i8++) {
                                for (i9 = 1; i9 <= 9; i9++) {
                                    a[1] = i1;
                                    a[2] = i2;
                                    a[3] = i3;
                                    a[4] = i4;
                                    a[5] = i5;
                                    a[6] = i6;
                                    a[7] = i7;
                                    a[8] = i8;
                                    a[9] = i9;
                                    //检查是否有重复数字
                                    flag = 0;
                                    for (p = 1; p < 9; p++) {
                                        for (q = p + 1; q < 10; q++) {
                                            if (a[p] == a[q]) {
                                                flag = 1;
                                            }
                                        }
                                    }
                                    //检查重复完成
                                    if (flag == 0) {
                                        ab = 1;
                                        //不重复的组合才能进入
                                        for (j = 1; j <= a[2]; j++) {
                                            ab = ab * a[1];
                                        }
            left = (a[5]*10+a[6])*ab+(a[3]*10+a[4]);
            right = (a[7]*10+a[8])*a[9]*(a[5]*10+a[6]);
            if (left == right) {
                sum++;
                printf("%d%d%d%d%d%d%d%d\n", i2, i3,i4, i5, i6, i7, i8, i9);
             }
                                    }
                                }
                            }
                        }
                    }
                }
            }
        }
    if (0 == sum) {
        cout << 0;
    }
    return 0;
}
```

运行时输入 "3", 运行结果如下：

```
3
58729416
```

运行时输入 "7", 运行结果如下：

```
7
```

```
32814695
38241695
```

运行时输入"2"，运行结果如下：

```
2
0
```

【思考】

如何优化程序，缩短运行时间呢？上述代码有 8 重循环，运行次数是 $9^8 = 43046721$ 次，如果能减少为 7 重循环，运行次数就可以减少为 $9^7 = 4782969$ 次。

优化方案：前面 8 个数字确定后，最后 1 个数字也就确定了，不需要再使用循环进行枚举，即将原有最后一层循环枚举代码，替换为如下代码：

```
i9 = 45 - i1 - i2 - i3 - i4 - i5 - i6 - i7 - i8;
```

【完美综合式，beta2，优化】

```cpp
#include <bits/stdc++.h>
using namespace std;
int main() {
    int n, sum = 0;
    int i1, i2, i3, i4, i5, i6, i7, i8, i9;
    int flag;
    int a[11];
    int p, q, j;
    int left, right, ab;
    cin >> n;
    i1 = n;
    for (i2 = 1; i2 <= 9; i2++) {
        for (i3 = 1; i3 <= 9; i3++) {
            for (i4 = 1; i4 <= 9; i4++) {
                for (i5 = 1; i5 <= 9; i5++) {
                    for (i6 = 1; i6 <= 9; i6++) {
                        for (i7 = 1; i7 <= 9; i7++) {
                            for (i8 = 1; i8 <= 9; i8++) {
                                i9 = 45-i1-i2-i3-i4-i5-i6-i7-i8;
                                a[1] = i1;
                                a[2] = i2;
                                a[3] = i3;
                                a[4] = i4;
                                a[5] = i5;
                                a[6] = i6;
                                a[7] = i7;
                                a[8] = i8;
                                a[9] = i9;
                                //检查是否有重复数字
                                flag = 0;
                                for (p = 1; p < 9; p++) {
                                    for (q = p + 1; q < 10; q++) {
                                        if (a[p] == a[q]) {
                                            flag = 1;
                                        }
                                    }
                                }
                                //检查重复完成
                                if (flag == 0) {
                                    ab = 1;
                                    //不重复的组合才能进入
```

```
                            for (j = 1; j <= a[2]; j++) {
                                ab = ab * a[1];
                            }
                left = (a[5]*10+a[6])*ab+(a[3]*10+a[4]);
                right = (a[7]*10+a[8])*a[9]*(a[5]*10+a[6]);
                if (left == right) {
                    sum++;
                    printf("%d%d%d%d%d%d%d%d\n", i2, i3, i4,
                                    i5, i6, i7, i8, i9);
                }
                            }
                        }
                    }
                }
            }
        }
    }
    if (0 == sum) {
        cout << 0;
    }
    return 0;
}
```

5.2.2　模拟

模拟问题强调按照实际问题的需求和步骤编写程序，得到最终答案，模拟问题主要是考查程序员编程的基本功和编程规范。

【例 5-4】乒乓球赛制。

【题目描述】

国际乒联主席沙拉拉自上任以来立志于推行一系列改革，以推动乒乓球运动在全球的普及。其中，11 分制改革引起了很大的争议，有一部分球员因为无法适应新规则只能选择退役。华华就是其中一位，他退役之后走上了乒乓球研究工作，试图弄明白 11 分制和 21 分制对选手的不同影响。在开展他的研究之前，他首先需要对他多年比赛的统计数据进行一些分析，所以需要你的帮忙。

华华通过以下方式进行分析，首先将比赛每个球的胜负列成一张表，然后分别计算在 11 分制和 21 分制下，双方的比赛结果（截至记录末尾）。

例如，现在有这么一份记录（其中 W 表示华华获得 1 分，L 表示华华的对手获得 1 分）：WWWWWWWWWWWWWWWWWWWWWLW。

在 11 分制下，此时比赛的结果是华华第一局 11 比 0 获胜，第二局 11 比 0 获胜，正在进行第三局，当前比分为 1 比 1。而在 21 分制下，此时比赛结果是华华第一局 21 比 0 获胜，正在进行第二局，比分为 2 比 1。

你的程序就是要对一系列比赛信息的输入（WL 形式），输出正确的结果。

【输入格式】

每个输入包含若干行字符串（每行至多 20 个字母），字符串由大写的 W、L 和 E 组成。其中 E 表示比赛结束，程序应该忽略 E 之后的所有内容。

【输出格式】

输出由两部分组成，每部分有若干行，每一行对应一局比赛的比分（按比赛信息输入顺序）。其中，第一部分是 11 分制下的结果，第二部分是 21 分制下的结果，两部分之间使用一个空行分隔。

【输入样例】

```
WWWWWWWWWWWWWWWWWWWWWWWWLWE
```

【输出样例】

```
11:0
11:0
1:1

21:0
2:1
```

【说明/提示】

每行至多 25 个字母，最多有 2500 行。

【分析】

读入输入字符，一次读取一个，判断字符并分别处理。分别按 11 分制和 21 分制进行统计，设变量 w1 和 l1（第 1 个是英文字母，第 2 个是数字）为 11 分制的统计结果，变量 w2 和 l2 为 21 分制的统计结果。

设计程序流程图，如图 5-5 所示。

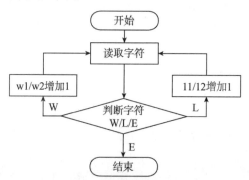

图 5-5　乒乓球赛制的传统流程图

在统计得分后，添加判断功能，判断是否符合 11 分制或 21 分制的获胜条件。可以得到如图 5-6 所示的传统流程图。

【乒乓球赛制，beta1】

```cpp
#include <bits/stdc++.h>
using namespace std;
int main() {
    freopen("1.in", "r", stdin);
    int w1 = 0, l1 = 0, w2 = 0, l2 = 0;
    char k;
    while (cin >> k) {
        if (k == 'E') {
            break;
        }
```

```
        if (k == 'W') {
            w1++;
            w2++;
        }
        if (k == 'L') {
            l1++;
            l2++;
        }
        if ((w1>=11 && w1-l1>=2)||(l1 >= 11 && l1 - w1 >= 2)) {
            cout << w1 << ":" << l1 << endl;
            w1 = 0;
            l1 = 0;
        }
        if ((w2>=21 && w2-l2 >= 2)||(l2 >= 21 && l2 - w2 >= 2)) {
            cout << w2 << ":" << l2 << endl;
            w2 = 0;
            l2 = 0;
        }
    }
    cout << w1 << ":" << l1 << endl;
    cout << w2 << ":" << l2 << endl;
}
```

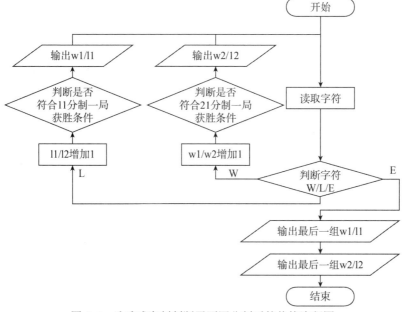

图 5-6　乒乓球赛制判断了不同分制后的传统流程图

运行时输入"WWWWWWWWWWWWWWWWWWWWWWWWWLWE"，运行结果如下：

```
WWWWWWWWWWWWWWWWWWWWWWWWWLWE
11:0
21:0
11:0
1:1
2:1
```

分析这个结果和预期的结果，发现输出内容的顺序不一致。

分析原因，是因为检测是否符合 11 分制或 21 分制的一局胜利条件后，都是立刻输出，所以造成了输出的无序。

为了纠正这个顺序问题，按照题意，应该是先输出 11 分制的结果，那么 21 分制的结果就不能立刻输出，需要先保存，在输出 11 分制的结果结束后，再输出 21 分制的结果。

按题意，绘制传统流程图，如图 5-7 所示。

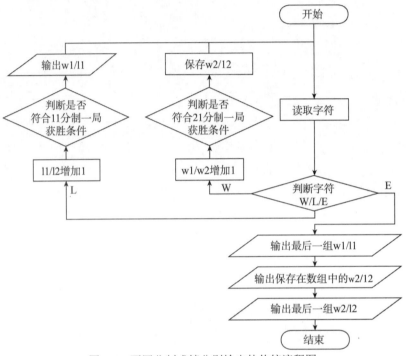

图 5-7　不同分制成绩分别输出的传统流程图

【乒乓球赛制，beta2】

先保存 w2 和 l2，最后输出 21 分制结果的代码如下。

```cpp
#include <bits/stdc++.h>
using namespace std;
int f21[10000][2];
int main() {
    freopen("1.in", "r", stdin);
    int w1 = 0, l1 = 0, w2 = 0, l2 = 0, j = 0;
    char k;
    while (cin >> k) {
        if (k == 'E') {
            break;
        }
        if (k == 'W') {
            w1++;
            w2++;
        }
        if (k == 'L') {
            l1++;
            l2++;
        }
        if ((w1>=11 && w1-l1>=2) || (l1>=11 && l1-w1>=2)) {
            cout << w1 << ":" << l1 << endl;
            w1 = 0;
```

```
            l1 = 0;
        }
        if ((w2>=21 && w2-l2>=2) || (l2>=21 && l2-w2 >= 2)) {
            //cout<<w2<<":"<<l2<<endl;
            f21[j][0] = w2; //不能直接输出,先记录到数组
            f21[j][1] = l2;
            w2 = 0;
            l2 = 0;
            j++; //为了实现数组的移位
        }
    }
    cout << w1 << ":" << l1 << endl;
    cout << endl;
    for (int i = 0; i < j; i++) {
        cout << f21[i][0] << ":" << f21[i][1] << endl;
    }
    cout << w2 << ":" << l2 << endl;
}
```

运行时输入"WWWWWWWWWWWWWWWWWWWWWWWWLWE",运行结果如下:

```
WWWWWWWWWWWWWWWWWWWWWWWWLWE
11:0
11:0
1:1

21:0
2:1
```

【例 5-5】扫雷游戏。

【题目描述】

扫雷游戏是一款十分经典的单机小游戏。在 n 行 m 列的雷区中有一些格子含有地雷(称为地雷格),其他格子不含地雷(称为非地雷格)。玩家翻开一个非地雷格时,该格将会出现一个数字——提示周围格子中有多少个是地雷格。游戏的目标是在不翻出任何地雷格的条件下,找出所有的非地雷格。

现在给出 n 行 m 列的雷区中的地雷分布,要求计算出每个非地雷格周围的地雷格数。

注意

一个格子的周围格子包括其上、下、左、右、左上、右上、左下、右下 8 个方向上与之直接相邻的格子。

【输入格式】

第一行是使用一个空格分隔的两个整数 n 和 m,分别表示雷区的行数和列数。

接下来 n 行,每行 m 个字符,描述了雷区中的地雷分布情况。字符"*"表示相应格子是地雷格,字符"?"表示相应格子是非地雷格。相邻字符之间无分隔符。

【输出格式】

包含 n 行,每行 m 个字符,描述整个雷区。用"*"表示地雷格,使用周围的地雷个数表示非地雷格。相邻字符之间无分隔符。

【输入样例 1】

```
3 3
*??
???
?*?
```

【输出样例 1】

```
*10
221
1*1
```

【输入样例 2】

```
2 3
?*?
*??
```

【输出样例 2】

```
2*1
*21
```

【说明/提示】

对于 100%的数据，1≤n≤100，1≤m≤100。

【分析】

根据题意，可以将所有的格子信息输入一个二维数组中，对于每个非地雷格子，只需要统计其上、下、左、右、左上、右上、左下、右下 8 个方向的格子中的地雷数量即可。计算机屏幕上的二维坐标方向如图 5-8 所示。

图 5-8　计算机屏幕上的二维坐标方向

假设需要统计的格子在整个地图中的坐标是(x,y)，那么在以(x,y)为中心的九宫格中，各相邻格子的坐标如表 5-1 所示。

表 5-1　扫雷格子与周围格子之间的关系

x−1,y−1	x−1,y	x−1,y+1
x,y−1	x,y	x,y+1
x+1,y+1	x+1,y	x+1,y+1

确定格子的坐标后，按偏移量，依次检测指定的格子，就可以确定非地雷格子的数字。当非地雷格子在边界时，8 个方向的格子中，部分格子是不存在的，需要考虑如何确保正确统计。

【扫雷游戏】

```
#include<bits/stdc++.h>
using namespace std;
```

```
#define N 105
char c[N][N]={0};
int search(int x, int y) {
    int ans = 0;
    if (c[x - 1][y] == '*')        ++ans;
    if (c[x + 1][y] == '*')        ++ans;
    if (c[x][y - 1] == '*')        ++ans;
    if (c[x][y + 1] == '*')        ++ans;
    if (c[x - 1][y - 1] == '*')     ++ans;
    if (c[x - 1][y + 1] == '*')     ++ans;
    if (c[x + 1][y - 1] == '*')     ++ans;
    if (c[x + 1][y + 1] == '*')     ++ans;
    return ans;
}
int main() {
    freopen("1.in", "r", stdin);
    int n, m;
    cin >> n >> m;
    for (int i = 1; i <= n; i++) {
        for (int j = 1; j <= m; j++) {
            cin >> c[i][j];
        }
    }
    for (int i = 1; i <= n; i++) {
        for (int j = 1; j <= m; j++) {
            if (c[i][j] == '*') {
                cout << '*';
            } else {
                cout << search(i, j);
            }
        }
        cout << endl;
    }
    return 0;
}
```

【例 5-6】蜂巢扫雷。

【题目描述】

n 行 m 列的雷区由划分为蜂巢形状的正六边形小格子构成，部分格子放置了地雷，称为地雷格，不含地雷的格子称为非地雷格。玩家翻开一个非地雷格时，该格将会出现一个数字——提示与当前格子相连的 6 个格子中有多少个是地雷格。游戏的目标是在不翻出任何地雷格的条件下，找出所有的非地雷格。如图 5-9 所示为 7 行 4 列的蜂巢扫雷地图，单元格中的数字(i,j)表示雷区的第 i 行第 j 列。

图 5-9　7 行 4 列的蜂巢扫雷地图

【输入格式】

第一行是使用一个空格分隔的两个整数 n 和 m，分别表示雷区的行数和列数。

接下来 n 行，每行 m 个字符，描述了雷区中的地雷分布情况。字符"*"表示相应格子是地雷格，字符"?"表示相应格子是非地雷格。相邻字符之间无分隔符。

【输出格式】

包含 n 行，每行 m 个字符，描述整个雷区。用"*"表示地雷格，用周围的地雷个数表示非地雷格。相邻字符之间无分隔符。

【输入样例】

```
5 3
???
**?
???
?*?
*??
```

【输出样例】

```
210
**0
420
2*0
*10
```

【数据规模及样例说明】

n 和 m 取值的范围：3≤n≤100，3≤m≤100。

样例中的 5 行 3 列蜂巢如图 5-10（a）所示，输出内容如图 5-10（b）所示。

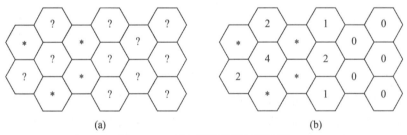

(a)   (b)

图 5-10 5 行 3 列的蜂巢扫雷地图

【分析】

蜂巢的结构 n 行 m 列可以使用二维数组存储，分析单元格与周围 6 个单元格之间的关系：设单元格是第 i 行第 j 列，以单元格（3,1）为例，对应的 6 个单元格与当前单元格的关系如图 5-11 所示。

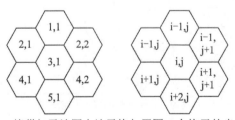

图 5-11 蜂巢扫雷地图中地雷格与周围 6 个格子的坐标关系

在统计时，先将统计结果（数字类似）以字符类型记录在蜂巢中，最后再一次性输出。遇到图外的单元格时，不用统计。

【蜂巢扫雷，beta1】

```cpp
#include<bits/stdc++.h>
using namespace std;
int main(){
    freopen("honeycomb.in","r",stdin);
    int n,m,sum;
    char a[110][110]={0};
    cin >> n >> m;
    cout<<"n="<<n<<",m="<<m<<endl;
    for(int i=1;i<=n;i++){
        for(int j=1;j<=m;j++){
            cin >> a[i][j];
            cout << a[i][j];
        }
        cout<<endl;
    }
    for(int i=1;i<=n;i++){
        for(int j=1;j<=m;j++){
            if(a[i][j]=='?'){//不是地雷
                sum=0;
                if(i-1>0 && a[i-1][j]=='*') {   sum++; }
                if(i-2>0 && a[i-2][j]=='*') {   sum++; }
                if(i-1>0 && a[i-1][j+1]=='*'){  sum++; }
                if(a[i+1][j]=='*')   {   sum++; }
                if(a[i+2][j]=='*')   {   sum++; }
                if(a[i+1][j+1]=='*'){   sum++; }
                a[i][j]=sum+'0';
            }else{//是地雷
            }
        }
    }
    cout<<"统计结果"<<endl;
    for(int i=1;i<=n;i++){
        for(int j=1;j<=m;j++){
            cout << a[i][j];
        }
        cout<<endl;
    }
    return 0;
}
```

运行时输入文件 honeycomb.in 中的数据（与输入样例一致），运行结果如下：

```
n=5,m=3
???
**?
???
?*?
*??
统计结果
210
**0
420
2*0
*10
```

这时，还需要增加测试点验证代码是否已经考虑了所有情况。

考虑极端情况，自制一个测试点如下，按题意画出蜂巢雷区和扫雷结果，如图 5-12 所示。

【自制输入样例】

```
7 3
*??
**?
???
**?
*??
???
???
```

【自制输出样例】

```
*10
**0
620
**0
*10
220
100
```

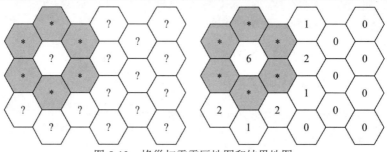

图 5-12 蜂巢扫雷雷区地图和结果地图

运行时使用自制测试点数据，运行结果如下：

```
n=7,m=3
*??
**?
???
**?
*??
???
???
统计结果
*10
**0
620
**0
*10
210
100
```

对比后可以发现，在单元格(6,2)发生错误，结果不一致。

添加更多的测试点信息，统计单元格(6,2)周围的扫描如下。

```
---开始统计 6,2 周围的地雷
a[5][2]1
a[4][2]*
a[5][3]0
```

```
a[7][2]?
a[8][2]
a[7][3]?
```

从图 5-13 可以发现，统计的周围 6 个单元格编号与实际内容不符，分析可以发现，由于蜂巢的结构交错，奇数行和偶数行的周边单元格的编号是不一样的，偶数行的周围单元格关系如图 5-14 所示。

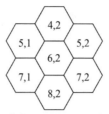

图 5-13　发生错误的位置（6,2）周围正确的位置对照图

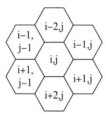

图 5-14　蜂巢扫雷中偶数行格子与周边格子的关系对照

【蜂巢扫雷，beta2】

```cpp
#include<bits/stdc++.h>
using namespace std;
int main(){
    freopen("honeycomb.in","r",stdin);
    freopen("honeycomb.out","w",stdout);
    int n,m,sum;
    char a[110][110]={0};
    cin >> n >> m;
    for(int i=1;i<=n;i++){
        for(int j=1;j<=m;j++){
            cin >> a[i][j];
        }
    }
    for(int i=1;i<=n;i++){
        for(int j=1;j<=m;j++){
            if(a[i][j]=='?'){//不是地雷
                if(i%2!=0){//奇数行
                    sum=0;
                    if(a[i-1][j]=='*')   {   sum++; }
                    if(a[i-2][j]=='*')   {   sum++; }
                    if(a[i-1][j+1]=='*'){   sum++; }
                    if(a[i+1][j]=='*')   {   sum++; }
                    if(a[i+2][j]=='*')   {   sum++; }
                    if(a[i+1][j+1]=='*'){   sum++; }
                    a[i][j]=sum+'0';
                }else{
                    sum=0;
                    if(a[i-1][j-1]=='*'){   sum++; }
```

```
                    if(a[i-2][j]=='*')   {   sum++; }
                    if(a[i-1][j]=='*')   {   sum++; }
                    if(a[i+1][j-1]=='*'){   sum++; }
                    if(a[i+2][j]=='*')   {   sum++; }
                    if(a[i+1][j]=='*')   {   sum++; }
                    a[i][j]=sum+'0';
                }
            }
        }
    }
    for(int i=1;i<=n;i++){
        for(int j=1;j<=m;j++){
            cout << a[i][j];
        }
        cout<<endl;
    }
    return 0;
}
```

还可以将统计工作独立为一个函数，如下。

【蜂巢扫雷，beta3】

```
#include<bits/stdc++.h>
using namespace std;
char c[105][105] = { 0 };
int stat(int x, int y) {
    int ans = 0;
    if(x%2){
        if (c[x - 1][y] == '*')     {++ans;}
        if (c[x - 2][y] == '*')     {++ans;}
        if (c[x - 1][y + 1] == '*') {++ans;}
        if (c[x + 1][y] == '*')     {++ans;}
        if (c[x + 2][y] == '*')     {++ans;}
        if (c[x + 1][y + 1] == '*') {++ans;}
    }else{
        if (c[x - 1][y-1] == '*')   {++ans;}
        if (c[x - 2][y] == '*')     {++ans;}
        if (c[x - 1][y] == '*')     {++ans;}
        if (c[x + 1][y-1] == '*')   {++ans;}
        if (c[x + 2][y] == '*')     {++ans;}
        if (c[x + 1][y] == '*')     {++ans;}
    }
    return ans;
}
int main() {
    freopen("honeycomb.in","r",stdin);
    freopen("honeycomb.out","w",stdout);
    int n, m;
    cin >> n >> m;
    for (int i = 1; i <= n; i++) {
        for (int j = 1; j <= m; j++) {
            cin >> c[i][j];
        }
    }
    for (int i = 1; i <= n; i++) {
        for (int j = 1; j <= m; j++) {
            if (c[i][j] == '*') {
                cout << '*';
            } else {
                cout << stat(i, j);
            }
        }
```

```
        }
        cout << endl;
    }
    return 0;
}
```

5.3 递推和递归

基础算法部分包括递推、递归、回溯、贪心、二分和倍增,下面主要讲解前 3 种算法。

5.3.1 递推

递推算法属于基础算法,核心是数学推导关系。从已知条件出发,分析问题中的变化规律,利用数学思维推导或分析特定关系得到中间推论,逐步推导直到得到最终结果。

【例 5-7】斐波那契数列递推求解。

【题目描述】

斐波那契数列,又称黄金分割数列、兔子数列,指的是这样一个数列:0、1、1、2、3、5、8、13、21、34、…在数学上,斐波那契数列以如下递推的方法定义:

$$F_n = \begin{cases} 1 & (n \leqslant 2) \\ F_{n-1} + F_{n-2} & (n \geqslant 3) \end{cases}$$

请编程计算斐波那契数列的指定项。

【输入格式】

1 行,整数 n。

【输出格式】

1 行,斐波那契数列的第 n 项。

【输入样例】

5

【输出样例】

3

【数据规模及约定】

$1 \leqslant n \leqslant 46$。

【解题思路】

斐波那契数列递推求解方法,从 F_1 和 F_2 开始,利用推导关系 $F_n = F_{n-1} + F_{n-2}$,依次计算 F_3、F_4、…、F_n。

【斐波那契数列递推求解】

```
#include <bits/stdc++.h>
```

```
using namespace std;
int main() {
    int k, n, a, b;
    cin >> k;
    if (k == 1) {
        cout << 0;
    } else if (k == 2) {
        cout << 1;
    } else {
        a = 0;
        b = 1;
        for (int i = 2; i < k; i++) {
            n = a + b;
            a = b;
            b = n;
        }
        cout << n << endl;
    }
    return 0;
}
```

【例5-8】水手分椰子。

【题目描述】

n名水手漂流到椰子岛，岛上盛产椰子，水手们一起采了一堆椰子后就都睡了。半夜，第1个水手醒来后，把椰子分成 n 份，多出的 m 个给了旁边的猴子；自己藏了 1 份，再把剩下的椰子合成一堆，然后继续去睡觉。以后第 2～n 个水手，依次醒来，做了和第 1 个水手相同的事。

第二天，所有水手们醒来后，一起把剩下的椰子分成 n 份，恰恰又多了 m 个。编程求出这堆椰子原来有多少个。

【输入格式】

1 行，使用空格分隔的两个整数，水手人数 n 和每次剩下给猴子的椰子数量 m。

【输出格式】

1 行，这一堆椰子原来的数量，不能采用科学记数法输出。

【输入样例】

3 2

【输出样例】

77

【数据规模及约定】

$1 \leqslant m < n \leqslant 8$。

【解题思路 1】

先以样例数据分析题目中的分椰子过程，椰子原有数量为 77 个。第 1 个水手醒来后，将 77 个椰子分成 3 份，每份 25 个，多的 2 个给猴子，藏了 1 份，剩下的合并后为 50 个椰子。

第 2 个水手醒来后，将 50 个椰子分成 3 份，每份 16 个，多的 2 个椰子给猴子，水手自己藏了 1 份，剩下的合并后为 32 个椰子。

第 3 个水手醒来后，将 32 个椰子分成 3 份，每份 10 个，多的 2 个椰子给猴子，水手自己藏了 1 份，剩下的合并后为 20 个椰子。

第 2 天早上，所有水手醒来后，一起分 20 个椰子，分成 3 份，多的 2 个椰子给猴子。每个水手分 6 个椰子。

椰子原有数量为 77 个，在推导过程中椰子的数量肯定是整数，如果假设椰子数量是 78，第 1 个水手在分椰子时，多出来的不是 2 个而是 3 个，或者说 76（78-2=76）不能平均分成 3 份（整除 3）。

这个题目需要通过假设原有椰子数量，不断分椰子，如果在分椰子的过程中，出现了不能整除的情况，就跳过当前数字，继续尝试下一个数字，直到找到可以连续分 n+1 次的数量为止。

先假设原有椰子数量 total 为 n（n 个水手至少有 n 个椰子），第 1 个水手分椰子时，应该有 total%n= =m（total 分为 n 份，并且多了 m 个椰子），如果这个不成立，就在 total 的基础上增加 1，继续测试。

在具体测试中，由于 total 需要多次分为 n 份，这个过程中会改变 total 的值，所以将 total 的值赋给变量 t，变量 t 值的变化不会影响 total 的值。

【水手分椰子，beta1，正推，从分椰子之前的数量开始】

```cpp
#include <bits/stdc++.h>
using namespace std;
int main() {
    int n, m; //n 个水手,每次给猴子 m 个
    int total; //total,椰子原来的总数
    int t, times; //t 每次推导的临时数量
    cin >> n >> m;
    t = total = n; //从 n 开始验证
    times = 0;
    while (times < n + 1) {
        times++;
        //printf("\ntotal=%d,第%d 验证,t=%d", total, times, t);
        if (t % n == m) {
            t = t / n * (n - 1);
            //printf("\ntotal=%d,通过第%d 次推算,t=%d",total,times,t);
            if (times == n + 1) {
                //printf("total=%d,通过第%d 次推算,t=%d\n",total,times,t);
            }
        } else {
            //printf("\n %d 个椰子不符合条件",t);
            t = ++total; //验证下一个数字
            times = 0;
        }
    }
    cout << total;
    return 0;
}
```

【解题思路 2】

从第 2 天早上，所有水手在一起分椰子之后的数量开始递推。

假设第 2 天，水手们分椰子后，n 名水手 n 份椰子数量总共为 total，这个数量加上给了猴子的 m 个椰子，应该是水手藏了 1 份之后，剩下的 n-1 份的总和。

所以有(t+m)%(n-1)= =0，如果这个逻辑式不成立，就需要将 total 的数量增加 1，并且继续测试。如果这个逻辑式关系成立，那么就可以推导出，在上一个水手分椰子之前，椰子的数量=(当前椰子数量 t+给了猴子的 m)/(n-1)×n。

按此方法，椰子的数量必须连续倒推 n+1 次（椰子被分了 n+1 次），在这几次过程中 (t+m)%(n-1)==0 都成立，就可以得到椰子原有的数量。

【水手分椰子，beta2，逆推，从第 2 天分椰子之后的数量开始】

```cpp
#include <bits/stdc++.h>
using namespace std;
int main() {
    int n, m; //n 个水手,每次给猴子 m 个
    int total; //total,从第 2 天开始,n 个水手重新分成 n 份,n 份的总数
    int t, times; //t 每次推导的临时数量
    cin >> n >> m;
    //n=3;m=2;
    t = total = n; //从 n 开始验证
    times = 0;
    while (times < n + 1) {
        times++;
        //printf("\ntotal=%d,第%d 验证,t=%d", total, times, t);
        if ((t + m) % (n - 1) == 0) {
            t = (t + m) / (n - 1) * n;
            //printf("\ntotal=%d,通过第%d 次推算,t=%d",total,times,t);
            if (times == n + 1) {
            //printf("-------total=%d,通过第%d 次推算,t=%d\n",total,times,t);
            }
        } else {
            //printf("\n %d 个椰子不符合条件",t);
            t = ++total; //验证下一个数字
            times = 0;
        }
    }
    //printf("n=%d,m=%d,椰子原来有%d 个\n",n,m,total);
    cout << t + m;
    return 0;
}
```

【例 5-9】整数划分。

【题目描述】

整数划分问题是将正整数 n 表示成一系列正整数之和：$n=n_1+n_2+n_3+\cdots+n_k$，其中 $n_1 \leq n_2 \leq n_3 \leq \cdots \leq n_k$，这种表示方法称为整数划分。求正整数 n 的不同划分个数。

例如：

1：1。

2：1+1，2。

3：1+1+1，1+2，3。

4：1+1+1+1，1+1+2，1+3，2+2，4。

【输入格式】

1 行，整数 n，需要划分的整数。

【输出格式】

1 行，整数划分式的数量。

【输入样例】

4

【输出样例】

5

【解题思路】

整数划分问题的递推解决方案是，把整数 n 的划分式分为以下 3 个部分。

第 1 部分：复制整数 n-1 的划分式，并在所有复制的划分式前面加 1。

第 2 部分：在整数 n-1 的划分式中查找，第 1 个数字小于第 2 个数字的划分式，将第 1 个数字加 1。

第 3 部分：整数 n。

例如，已知数字 4 的划分式如下：1+1+1+1，1+1+2，1+3，2+2，4。

则数字 5 的划分式有以下 3 部分。

第 1 部分：1+1+1+1+1，1+1+1+2，1+1+3，1+2+2，1+4。

第 2 部分：查找第 1 个数字小于第 2 个数字的划分式，只有 1+3 变为 2+3。

第 3 部分：只有一个数字 5。

完整的数字 5 的划分式有 7 个，分别如下：1+1+1+1+1，1+1+1+2，1+1+3，1+2+2，1+4，2+3，5。

【整数划分，beta1】

```cpp
#include <bits/stdc++.h>
using namespace std;
int main() {
    int n, i, j;
    int temp1, temp2;
    int m;
    int quantity;  //整数划分式的个数,如 4: quantity=5
    int newI;  //增加的新项目编号
    int a[800][21];
    cin >> n;
    //初始化,全部设为 0
    for (i = 0; i < 800; i++) {
        for (j = 0; j < 21; j++) {
            a[i][j] = 0;
        }
    }
    a[1][1] = 1;
    a[1][2] = 1;
    a[2][1] = 2;
    quantity = 2;
    for (m = 3; m <= n; m++) {
        //前一个加 1
        for (i = 1; i <= quantity; i++) {
            temp1 = a[i][1];
            a[i][1] = 1;
            j = 2;
            while (a[i][j] != 0) {
                temp2 = a[i][j];
                a[i][j] = temp1;
                temp1 = temp2;
```

```
                j++;
            }
            a[i][j] = temp1;
        }
        //增加的部分划分式
        newI = quantity;
        for (i = 1; i <= quantity; i++) {
            if (a[i][2] < a[i][3]) {
                newI++;
                a[newI][1] = a[i][2] + 1;
                j = 3;
                while (a[i][j] != 0) {
                    a[newI][j - 1] = a[i][j];
                    j++;
                }
            }
        }
        //
        newI++;
        a[newI][1] = m;
        quantity = newI;
        for (i = 1; i <= quantity; i++) {
            printf("%3d:%d=%d", i, m, a[i][1]);
            j = 2;
            while (a[i][j] > 0) {
                printf("+%d", a[i][j]);
                j++;
            }
            printf("\n");
        }
        printf("\n");
    }
    return 0;
}
```

运行时输入 "4"，运行结果如下：

```
4
  1:3=1+1+1
  2:3=1+2
  3:3=3

  1:4=1+1+1+1
  2:4=1+1+2
  3:4=1+3
  4:4=2+2
  5:4=4
```

从结果可以看出整数 4 有 5 个划分式。

【整数划分，beta2】

```
#include <bits/stdc++.h>
using namespace std;
int main() {
    int i, j;
    int temp1, temp2;
    int m, n;
    int quantity; //整数划分式的个数,如 4: quantity=5
    int newI; //增加的新项目编号
    int a[800][21];
    cin >> n;
```

```
for (i = 0; i < 800; i++) {//初始化,全部设为0
    for (j = 0; j < 21; j++) {
        a[i][j] = 0;
    }
}
a[1][1] = 1;
a[1][2] = 1;
a[2][1] = 2;
quantity = 2;
for (m = 3; m <= n; m++) {
    //前一个加1
    for (i = 1; i <= quantity; i++) {
        temp1 = a[i][1];
        a[i][1] = 1;
        j = 2;
        while (a[i][j] != 0) {
            temp2 = a[i][j];
            a[i][j] = temp1;
            temp1 = temp2;
            j++;
        }
        a[i][j] = temp1;
    }
    //增加的部分划分式
    newI = quantity;
    for (i = 1; i <= quantity; i++) {
        if (a[i][2] < a[i][3]) {
            newI++;
            a[newI][1] = a[i][2] + 1;
            j = 3;
            while (a[i][j] != 0) {
                a[newI][j - 1] = a[i][j];
                j++;
            }
        }
    }
    //
    newI++;
    a[newI][1] = m;
    quantity = newI;
}
printf("%d", quantity);
return 0;
}
```

5.3.2　递归

在程序设计中,把直接或间接调用自己的函数称为递归函数。递归算法通过递归函数,把问题分解为同类的子问题直至边界,最终解决问题。

递归算法有两个必备条件:①函数调用自身;②函数有终止条件。

【例5-10】斐波那契数列递归求解。

【题目描述】

题目描述见例5-7。

请编程计算斐波那契数列的指定项。

【输入格式】

1 行，整数 n。

【输出格式】

1 行，斐波那契数列的第 n 项。

【输入样例】

5

【输出样例】

3

【数据规模及约定】

1≤n≤46。

【解题思路】

如果要求数列的第 n 项，则需要先确定第 n-1 项和第 n-2 项；同理，第 n-1 项需要先确定第 n-2 项和第 n-3 项；以此类推，直到斐波那契数列的第 1 项和第 2 项（第 1 项和第 2 项已经确定）。

【斐波那契数列递归求解】

```cpp
#include <bits/stdc++.h>
using namespace std;
int fibonacci(int n) {
    int rtv;
    if (n == 1 || n == 2) {
        rtv = 1;
    } else {
        rtv = fibonacci(n - 1) + fibonacci(n - 2);
    }
    return rtv;
}
int main() {
    int n;
    cin >> n;
    cout << n << ":" << fibonacci(n) << endl;
    return 0;
}
```

【例 5-11】汉诺塔移动次数。

【题目描述】

汉诺塔问题源自印度的一个古老传说，大梵天创造世界的时候做了 3 根金刚石柱子，在一根柱子上从下往上按照大小顺序摆着 64 片黄金圆盘。大梵天命令婆罗门把圆盘从下面开始按大小顺序重新摆放在另一根柱子上，如图 5-15 所示为 5 个盘子的汉诺塔。

并且规定：①在小圆盘上不能放大圆盘；②在 3 根柱子之间一次只能移动一个圆盘。

编程求解，指定 n 个圆盘，从 A 移动到 C，需要移动的最小次数是多少？

【输入格式】

1 行，整数 n，代表需要移动的盘子数量。

【输出格式】

1 行，从 A 移动到 C，需要移动的最小次数。

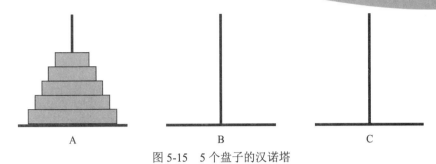

图 5-15   5 个盘子的汉诺塔

【输入样例】

3

【输出样例】

7

【数据规模及约定】

1≤n≤64。

【解题思路】

由于一次只能移动一个盘子，并且小盘子之上不能放置大盘子。所以看似简单的盘子移动变得复杂。

为了简化这个移动过程，可以将 n 个盘子从 A 移动 C 的移动过程分为以下 3 个步骤。

（1）将 n-1 个盘子从 A 移动到 B。

（2）将第 n 个盘子从 A 移动到 C。

（3）将第 n-1 个盘子从 B 移动到 C。

在上述 3 个过程中，第 1 步和第 3 步，都很容易理解，一步完成，第 2 步需要继续使用同样的方法分解。

n 个盘子移动的次数=(n-1)个盘子移动的次数×2+1。

设 f_n 表示 n 个盘子移动的次数，可以使用递归公式表示为 $f_n = f_{n-1} \times 2 + 1$，这个递归公式的终点是 $f_1 = 1$，即 1 个盘子只需要移动 1 次。

当极限值 64 出现时，移动次数为 18446744073709551615，这个数字超过了 int 或 long long 的最大值。所以使用 unsigned long long 类型。

【汉诺塔移动次数】

```cpp
#include <bits/stdc++.h>
using namespace std;
unsigned long long hanoi(unsigned long long m) {
    unsigned long long rtv;
    if (m == 1) {
        rtv = 1;
    } else {
        rtv = 2 * hanoi(m - 1) + 1;
    }
    return rtv;
}
int main() {
    unsigned long long n;
```

```
    cin >> n;
    cout << hanoi(n) << endl;
    return 0;
}
```

【例 5-12】全排列。

【题目描述】

给定数字 n（n<10），按照字典序输出数字 1~n 的所有排列。

【输入格式】

1 行，整数 n。

【输出格式】

按照字典序输出 1~n 的所有排列，每个数字之间使用空格分隔。

【输入样例 1】

```
3
```

【输出样例 1】

```
1 2 3
1 3 2
2 1 3
2 3 1
3 1 2
3 2 1
```

【分析】

1~n 的所有排列，每个排列都有 n 个数字，只是出现的位置不同。设置一个全局数组，用于存放每个排列的数字。按照从左到右的顺序放置每一个数字。第 1 次确定第 1 个数字，第 2 次确定第 2 个数字，每次确定数字时，确保和当前位置之前的数字没有重复出现。

递归的终点是位置超出需要排列的位数，如果超出，则说明已经确定了所有的数字，是一种排列情况。

【全排列，递归】

```
#include <bits/stdc++.h>
using namespace std;
int n, a[12];
void print() { //输出
    for (int i = 1; i <= n; i++) {
        cout << a[i] << " ";
    }
    cout << endl;
}
void arrange (int x) {
    //cout<<"------------------x="<<x<<endl;
    //print();
    if (n + 1 == x) {     //到达了指定位数的右边,可以产生一个新的排列
        print();
        return;
    }
    for (int i = 1; i <= n; i++) {
        bool flag = true;    //判断数字 i 是否在之前出现过
        for (int j = 1; j < x; j++) {
            if (a[j] == i) {
                flag = false;
```

```
            }
        }
        if (flag) {    //没有出现过
            a[x] = i;     //将当前的位置设置为i
            arrange (x + 1);    //继续设置下一个位置
            a[x] = 0;     //设置完成后,还原为0
        }
    }
}
int main() {
    cin >> n;
    arrange (1);
    return 0;
}
```

运行时输入"3",运行结果如下：

```
3
1 2 3
1 3 2
2 1 3
2 3 1
3 1 2
3 2 1
```

5.3.3　回溯

回溯算法属于搜索算法，是对简单枚举算法的优化控制。其可对明显不符合条件的分支进行"剪枝"，从而减少搜索时间，实现算法的优化。

回溯算法可以使用循环结构实现，也可以使用递归函数实现，这些不同的代码实现方法的基本算法思想都是一致的。

【例5-13】全排列。

【题目描述】

给定数字 n（n<10），按照字典序输出数字 1～n 的所有排列。

【输入格式】

1 行，整数 n。

【输出格式】

按照字典序输出 1～n 的所有排列，每个数字之间使用空格分隔。

【输入样例1】

```
3
```

【输出样例1】

```
1 2 3
1 3 2
2 1 3
2 3 1
3 1 2
3 2 1
```

【分析】

全排列问题可以使用递归完成回溯，也可以通过这个循环结构实现回溯。在问题的解空间，从根结点出发探索。当探索数组 a 的一个元素和前面的元素重复出现时，不管右边是什么值，这个排列都不会是问题的正确解。

例如，出现了数组 a 前两个元素是 11，数字已经重复了，不管后面的第 3 个数字是 2 还是 3，都不可能符合题意。这时就需要"剪枝"操作，提前返回，找寻下一个分支。

【全排列，回溯】

```cpp
#include <bits/stdc++.h>
using namespace std;
int main() {
    int a[12];
    int i; //循环变量
    int m; //游标
    int n; //总位数
    int flag;//标记
    cin >> n;
    m = 1;
    a[m] = 1;
    while (a[1] < n+1) {//不可能出现的值
        flag = 1; //检查是否有重复数字
        for (i = m - 1; i > 0; i--) {
            if (a[i] == a[m]) {
                flag = 0;
                break;
            }
        }
        // 条件：1.没有出现重复数字  2.游标到达最右端
        if (flag == 1 && m == n) {
            for(int k=1;k<=n;k++){
                printf("%d ", a[k]);
            }
            printf("\n");
        }
        //控制游标
        if (flag == 1 && m < n) {
            m++; //找下一个位置,向右
            a[m] = 1;
        } else {
            while (a[m] == n && m > 1) { //向左
                m--;
            }
            a[m]++;
        }
    }
    return 0;
}
```

【例 5-14】完美综合式（回溯）。

【题目描述】

下面的完美综合式包含了加、减、乘、除、乘方 5 种运算，在方框中填入适合的数字让综合式成立。

$$□^□+□□÷□-□□×□=0$$

所有的数字只出现 1 次，如 $3^5+87÷29-41×6=0$。

在第 1 个位置填入数字 n，编程求解在这种情况下是否存在让综合式成立的数字组合。

【输入格式】

1 行，1 个数字，第 1 个方框中的数字 n。

【输出格式】

1 行或多行，如果存在让综合式成立的数字组合，按顺序输出其余 8 个数字，如果有多个组合，则输出多行；如果不存在这样的组合，则输出 0。

【输入样例 1】

```
3
```

【输出样例 1】

```
58729416
```

【输入样例 2】

```
2
```

【输出样例 2】

```
0
```

【解题思路】

使用枚举算法解决完美综合式时，枚举的数字序列如下。

```
111111111
111111112
~
111111118
111111119
111111121
111111122
```

题意要求位置 1~9 中的数字不能重复出现，所以，只要位置 2 是数字 1，后面的位置不管是什么数字都肯定不符合题意要求。回溯算法可以在搜索过程中，若发现出现相同的数字，则直接跳过，完成"剪枝"操作。

【完美综合式，beta3，回溯】

```cpp
#include <bits/stdc++.h>
#define N 9
using namespace std;
int main() {
    int a[N], n;
    int i; //循环变量
    int m; //游标
    int count = 0; //统计运行次数和符合条件的解数量
    int flag; //当前位置是否出现重复数字
    int left, right, ab;
    cin >> n;
    a[0] = n;
    m = 1;
    a[m] = 1;
    while (a[1] < 10) {
        flag = 0; //重置标记
        //检查当前行的放置位置,与之前的所有行有没有冲突
        for (i = m - 1; i >= 0; i--) {
            if (a[i] == a[m]) {
                flag = 1;
```

```
                break;
            }
        }
        // 条件：1.没有出现重复数字   2.游标到达最右端
        if (flag == 0 && m == N - 1) {
            ab = 1;
            for (i = 1; i <= a[1]; i++) {
                ab = ab * a[0];
            }
            left = (a[4] * 10 + a[5]) * ab + (a[2] * 10 + a[3]);
            right = (a[6]*10 + a[7])*a[8] * (a[4] * 10 + a[5]);
            if (left == right) {
                count++;
                printf("%d%d%d%d%d%d%d%d\n", a[1], a[2], a[3], a[4], a[5], a[6], a[7],
a[8]);
            }
        }
        //控制游标
        if (flag == 0 && m < N - 1) {
            m++; //找下一个位置,向右
            a[m] = 1;
        } else {
            while (a[m] == 9 && m > 1) { //向左
                m--;
            }
            a[m]++;
        }
    }
    if (0 == count) {
        cout << 0;
    }
    return 0;
}
```

【例 5-15】八皇后（回溯）。

【题目描述】

八皇后问题，是一个古老而著名的问题，是回溯算法的典型案例。在 8×8 格的国际象棋上摆放 8 个皇后，使其不能互相攻击，即任意两个皇后都不能处于同一行、同一列或同一斜线上，问有多少种摆法。

小明学习八皇后问题后，想继续寻找 n 个皇后在 n×n 格的棋盘上的摆法有多少种。请编程解决。

【输入格式】

1 行，1 个数字，皇后数量 n，对应的棋盘为 n×n 格。

【输出格式】

1 行，对应的摆法数量，如果不存在符合条件的摆法，则输出 0。

【输入样例 1】

4

【输出样例 1】

2

【输入样例2】

8

【输出样例2】

92

【说明】

4 个皇后在 4×4 的棋盘上有 2 种摆法，8 个皇后在 8×8 的棋盘上有 92 种摆法。

【解题思路】

首先从解决八皇后的简化版本——四皇后问题，开始学习，如图 5-16 所示，皇后的攻击方向有 4 个，在 4×4 的方格中放下 4 个皇后。右侧就是四皇后问题的一个解。如图 5-17 所示，在 4×4 的方格中任意摆放皇后棋子，共有 256 种可能，这 256 种情况组成了这个题的解空间。

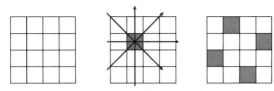

图 5-16　四皇后问题的一个解

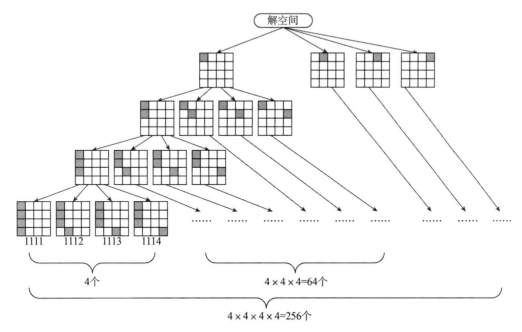

图 5-17　四皇后问题的解空间

解决类似问题，需要先用数字确定棋子的摆放位置，也就是确定棋子摆放位置的唯一记录形式。由于每行只能放 1 个棋子，所以可以使用每行棋子所在列编号来表示不同的解。如图 5-16 右图所示，可以记录为 2413，即第 1 行在第 2 列，第 2 行在第 4 列，第 3 行在第 1 列，第 4 行在第 3 列。

为了寻找四皇后问题的解决方案,先在第 1 行的第 1 列放 1 个皇后,然后考虑在第 2 行放置第 2 个皇后,如图 5-18 所示。

当皇后放在(1,1)放置时,如图 5-17 第二排所示,(2,1)和(2,2)单元格和(1,1)单元格有冲突,都不能放置皇后。所以在第 2 行中,只有(2,3)和(2,4)可以放置。

当皇后放在(2,1)位置时,(2,1)和(1,1)都在同一列,不符合题意,所以没有必要在(1,1)和(2,1)的前提下,继续在第 3 行放置皇后。这个分支应当被"剪掉"。

当皇后放在(1,1)和(2,3)位置时,会发现第 3 行没有位置可以放置皇后。

当皇后放在(1,1)和(2,4)位置时,可以发现第 3 行只能将皇后放在(3,2)位置。

当皇后放在(3,2)位置时,就会发现第 4 行已经没有位置可以放置皇后了。

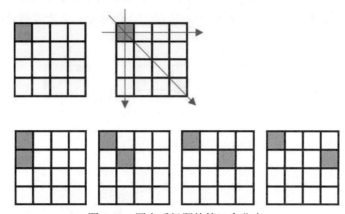

图 5-18　四皇后问题的第 1 个分支

至此,由(1,1)开始的这个分支已经"全军覆没"。

既然(1,1)这个分支已经否定,那就从下一个位置(1,2)开始,这个过程就是"回溯"的过程。

从以上分析可以看出,四皇后的解中的数字不能重复出现,(1,1)表示两个棋子在同一列,同一列的皇后会互相攻击。除此以外,还需要判断棋子是否在同一条斜线上。

【八皇后,beta1,回溯,寻找全部解法】

```cpp
#include <bits/stdc++.h>
using namespace std;
int main() {
    int a[20];
    int i; //循环变量
    int m; //游标
    int flag; //标记 0 或 1,0 代表有冲突;1 代表没有冲突
    int count = 0; //解法的个数(计数器)
    int n;
    m = 0;
    a[m] = 1;
    cin >> n;
    while (a[0] < n + 1) {
        flag = 0;
        //检查当前行的放置位置,与之前的所有行有没有冲突
        for (i = m - 1; i >= 0; i--) {
            if (a[m] == a[i] || abs(a[m] - a[i]) == m - i) { //同一列或同一斜线
                flag = 1;
```

```
            break;
        }
    }
    if (flag == 0 && m == n - 1) {
        count++;
        printf("第%d种解法: ", count);
        for (i = 0; i < n; i++) {
            printf("%d,", a[i]);
        }
        printf("\n");
    }
    //显示当前的组合结束
    if (flag == 0 && m < n - 1) {
        m++; //找下一个位置,向右
        a[m] = 1;
    } else {
        while (a[m] == n && m > 0) { //向左
            m--;
        }
        a[m]++;
    }
}
printf("共找到%d种方案\n\n", count);
return 0;
}
```

运行时输入"4",运行结果如下:

```
4
第1种解法: 2,4,1,3,
第2种解法: 3,1,4,2,
共找到2种方案
```

运行时输入"5",运行结果如下:

```
5
第1种解法: 1,3,5,2,4,
第2种解法: 1,4,2,5,3,
第3种解法: 2,4,1,3,5,
第4种解法: 2,5,3,1,4,
第5种解法: 3,1,4,2,5,
第6种解法: 3,5,2,4,1,
第7种解法: 4,1,3,5,2,
第8种解法: 4,2,5,3,1,
第9种解法: 5,2,4,1,3,
第10种解法: 5,3,1,4,2,
共找到10种方案
```

运行时输入"8",即可得到八皇后的92种解法,具体运行结果略。

在beta1版本代码中输出了全部解法,方便调试,调试完成后再去掉解法输出,即可。

【八皇后,beta2,回溯,AC代码】

```
//使用回溯法解决八皇后
#include <bits/stdc++.h>
using namespace std;
int main() {
    int a[20];
    int i; //循环变量
    int m; //游标
    int flag; //标记0或1,0代表有冲突;1代表没有冲突
```

```
    int count = 0;  //解法的个数(计数器)
    int n;
    m = 0;
    a[m] = 1;
    cin >> n;
    while (a[0] < n + 1) {
        flag = 0;
        //检查当前行的放置位置,与之前的所有行有没有冲突
        for (i = m - 1; i >= 0; i--) {
            if (a[m] == a[i] || abs(a[m] - a[i]) == m - i) {
                flag = 1;
                break;
            }
        }
        if (flag == 0 && m == n - 1) {
            count++;
        }
        //显示当前的组合结束
        if (flag == 0 && m < n - 1) {
            m++;  //找下一个位置,向右
            a[m] = 1;
        } else {
            while (a[m] == n && m > 0) {  //向左
                m--;
            }
            a[m]++;
        }
    }
    printf("%d", count);
    return 0;
}
```

【例5-16】神奇的古尺（回溯）。

【题目描述】

有一把古尺，总长 36 寸；因年代久远，其中标注的刻度已经模糊，只能分辨 8 个刻度；但是这个尺子还是可以一次性度量 1~36 的任意长度。

小明学习神奇的古尺问题后，想继续寻找长度为 n 寸的尺子，剩下 k 个刻度是否可以一次性度量 1~n 之间的任意长度，请编程解决。

【输入格式】

1 行，使用空格分隔的 2 个整数，代表古尺的长度 n 和中间残存的刻度数量 k。

【输出格式】

1 行，1 个整数，符合题意的刻度分布情况统计数量，如果不能一次性度量 1~n，则输出 0。

【输入样例1】

```
36 8
```

【输出样例1】

```
2
```

【输入样例2】

```
36 6
```

【输出样例2】

0

【样例说明】

36 寸古尺，中间有 8 个刻度的情况，存在 2 种刻度位置可以实现一次性度量 1～36 的任意长度。具体的刻度分布如下。

1　3　6　13　20　27　31　35

1　5　9　16　23　0　33　35

36 寸古尺，中间有 6 个刻度的情况，没有找到符合题意的刻度分布。

【解题思路】

简化问题，先讨论总长度为 5 的尺子，中间只剩下 2 个刻度的情况，如果剩下的 2 个刻度在 2 和 3 的位置，通过刻度值之间的两两相减求绝对值，可以得到刻度在 2 和 3 位置的情况，不能一次性度量 1～5，如图 5-19 所示。

1	2	3	4	5
2~3	0~2	0~3		0~5
√	√	√	×	√

图 5-19　尺长 5 寸刻度在 2 和 3 位置

如果中间的刻度在 3 和 4 位置，则可以一次性度量 1～5，如图 5-20 所示。

1	2	3	4	5
3~4	3~5	0~3	0~4	0~5
√	√	√	√	√

图 5-20　尺长 5 寸刻度在 3 和 4 位置

从以上分析可以看出，虽然刻度只有 2 个，但在实际计算时，需要加上尺子的两个端头，尺长 5 寸时就是刻度 0 和刻度 5。

和八皇后问题一样，先确定解的记录方式，如果图 5-19 中的记录为(2,3)，图 5-20 中的记录为(3,4)。在编程时要注意避免出现(2,3)和(3,2)这样的相同刻度分布。

和八皇后问题类似，解中的数字不能重复出现，(2,2)表示两个刻度都出现在位置 2，实际上就成 1 个刻度了，和题意不符。

在可能的解中，再将刻度两两相减，得到所有可以度量的刻度。使用一个数组记录 1～n 是否一次性度量，如果某个刻度可以一次性度量，在数组中对应下标的元素中记录。最后通过检查数组的元素是否全部被修改过，就可以得知是否可以一次性度量。

【神奇的古尺，beta1，回溯，调试代码，查看刻度方案】

```cpp
//使用回溯法解决神奇古尺问题
#include <bits/stdc++.h>
using namespace std;
int main() {
    int n, k;
    int a[50]; //刻度数组
```

```cpp
    int b[100];  //长度检测数组
    int i, j;  //循环变量
    int m;  //游标
    int flag, sign;
    int count = 0;  //统计运行次数和符合条件解的数量
    //n=36;mark=8;
    cin >> n >> k;
    a[0] = 0;
    a[k + 1] = n;
    m = 1;
    a[m] = 1;
    while (a[1] <= (n - k + 1)) {
        flag = 0;
        for (i = m - 1; i >= 1; i--) {
            if (a[i] == a[m]) {
                flag = 1;
                break;        //有重复的刻度,终止当前循环
            }
        }
        if (flag == 0 && m == k) {  //控制游标
            for (i = 1; i <= n; i++) {
                b[i] = 0;
            }
            for (i = k + 1; i > 0; i--) {
                for (j = i - 1; j >= 0; j--) {
                    b[a[i] - a[j]] = 1;
                }
            }
            sign = 0;  //检测 b 数组是否全部=1
            for (i = 1; i <= n; i++) {
                if (b[i] == 0) {
                    sign = 1;
                    break;
                }
            }
            if (sign == 0) {
                count++;
                printf("找到的可能刻度为");  //输出解
                for (i = 1; i <= k; i++) {
                    printf("%d ", a[i]);
                }
                printf("\n");
            }
        }
        if (flag == 0 && m < k) {  //控制游标
            m++;  //找下一个位置,向右
            a[m] = a[m - 1] + 1;
        } else {
            while (a[m] > (n - k - 1 + m) && m > 1) {  //向左
                m--;
            }
            a[m]++;
        }
    }
    printf("共找到%d种方案\n\n", count);
    return 0;
}
```

运行时输入"36 8",运行结果如下:

```
36 8
找到的可能刻度为1 3 6 13 20 27 31 35
找到的可能刻度为1 5 9 16 23 30 33 35
```

共找到 2 种方案

【神奇的古尺，beta2，回溯，AC 代码】

```cpp
//使用回溯法解决神奇古尺问题
#include <bits/stdc++.h>
using namespace std;
int main() {
    int n, k;
    int a[50]; //刻度数组
    int b[100]; //长度检测数组
    int i, j; //循环变量
    int m; //游标
    int flag, sign;
    int count = 0; //统计运行次数和符合条件解的数量
    //n=36;mark=8;
    cin >> n >> k;
    a[0] = 0;
    a[k + 1] = n;
    m = 1;
    a[m] = 1;
    while (a[1] <= (n - k + 1)) {
        flag = 0;
        for (i = m - 1; i >= 1; i--) {
            if (a[i] == a[m]) {
                flag = 1;
                break;      //有重复的刻度,终止当前循环
            }
        }
        if (flag == 0 && m == k) { //控制游标
            for (i = 1; i <= n; i++) {
                b[i] = 0;
            }
            for (i = k + 1; i > 0; i--) {
                for (j = i - 1; j >= 0; j--) {
                    b[a[i] - a[j]] = 1;
                }
            }
            sign = 0; //检测 b 数组是否全部=1
            for (i = 1; i <= n; i++) {
                if (b[i] == 0) {
                    sign = 1;
                    break;
                }
            }
            if (sign == 0) {
                count++;
            }
        }
        if (flag == 0 && m < k) { //控制游标
            m++; //找下一个位置,向右
            a[m] = a[m - 1] + 1;
        } else {
            while (a[m] > (n - k - 1 + m) && m > 1) { //向左
                m--;
            }
            a[m]++;
        }
    }
    printf("%d", count);
    return 0;
}
```

运行时输入"36　8"，运行结果如下：

```
36 8
2
```

运行时输入"36　6"，运行结果如下：

```
36 6
0
```

【例 5-17】数学家的手串（回溯）。

【题目描述】

一位数学家自己制作了一个数学手串，这个手串由 6 个串珠组成，每个串珠上有一个数字，手串上的数字在这个手串中只出现一次。如图 5-21 所示的 6 个数字为 1、2、5、4、6、13。

数学家制作的手串具有以下数学特性：手串上的数字之和为 31；取手串上若干相连数字之和，可以覆盖 1～31 的所有整数。

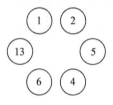

图 5-21　数学家的手串有 6 个数字

据说这位数学家还有几串类似的手串，但是数字序列各不相同。

看到数学家的手串后，小明就爱不释手，萌发了自己制作一个类似的手串的想法。小明首先需要找到合适的数字序列，在 n 个串珠上刻上不同的数字，数字之和为 sum，并且手串上若干个数字之和，可以覆盖 1～sum 的所有整数。请你编程帮助小明找到所有符合条件的数字序列。

【输入格式】

1 行，使用空格分隔的 2 个数字 n 和 sum，表示 n 个串珠，数字之和为 sum，手串上若干个数字之和，可以覆盖 1～sum 的所有整数。

【输出格式】

按字典序输出所有符合条件的数字序列，每行 1 个数字序列，序列中的数字顺序按字典序排列，数字之间使用空格分隔，如果不存在符合条件的序列，则输出 0。

注意

相同的数字序列只输出一次，如以下序列都属于同一序列。

1 2 5 4 6 13

13 1 2 5 4 6

6 13 1 2 5 4

1 13 6 4 5 2

2 1 13 6 4 5

【输入样例 1】

```
6 31
```

【输出样例 1】

```
1 2 5 4 6 13
1 2 7 4 12 5
1 3 2 7 8 10
1 3 6 2 5 14
1 7 3 2 4 14
```

【输入样例 2】

```
6 26
```

【输出样例 2】

```
1 2 3 9 4 7
1 2 4 6 5 8
1 2 5 6 4 8
1 2 5 8 4 6
1 2 6 3 10 4
1 2 7 5 8 3
1 2 11 3 4 5
1 2 11 5 4 3
1 3 2 8 7 5
1 3 6 2 5 9
1 3 7 2 8 5
1 3 8 2 7 5
1 4 2 6 3 10
1 4 2 11 3 5
1 4 3 6 2 10
1 4 3 10 2 6
1 4 10 3 2 6
1 7 3 2 4 9
1 7 4 2 3 9
```

【解题思路】

手串是环状结构，n 个串珠。从第 1 个位置开始尝试填写数字，首先排除相同的数字，n 个数字之和为 sum。当 n 个位置都填写了数字后，从不同的位置开始，每次都取 1～n 个数字之和，统计、检查是否"覆盖 1～n 的所有整数"。

【数学家的手串，beta1】

```cpp
#include <bits/stdc++.h>
using namespace std;
int main() {
    int n, sum; //n是串珠的数量,sum是 n 个串珠上的数字之和
    int a[12];
    int b[100];
    int i; //循环变量
    int m; //游标
    int count = 0; //统计运行次数
    int s, j, total, ij;
    int flag, sign;
    int runtimes = 0;
    cin >> n >> sum;
    m = 0;
    a[m] = 1;
```

```
    while (a[0] == 1) {
        runtimes++;
        flag = 0; //0 表示没有重复
        for (i = m - 1; i >= 0; i--) {
            if (a[i] == a[m]) {
                flag = 1;
                break; //有重复
            }
        }
        if (flag == 0 && m == n - 1) { //检测并显示解
            s = 0;
            for (i = 0; i < n; i++) {
                s += a[i];
            }
            if (s == sum && a[1] < a[n - 1]) {
                for (i = 1; i <= sum; i++) { //初始化 b
                    b[i] = 0;
                }
                for (i = 0; i < n; i++) {
                    total = 0;
                    for (j = 0; j < n - 1; j++) {
                        ij = i + j;
                        if (ij > n - 1) {
                            ij = ij - n;
                        }
                        total += a[ij];
                        b[total] = 1;
                    }
                }
                sign = 0; //手串上若干相连数字之和,可以覆盖 1~sum 之间的所有整数
                for (i = 1; i < sum; i++) {
                    if (b[i] == 0) {
                        sign = 1;
                    }
                }
                if (sign == 0) {
                    for (int k = 0; k < n; k++) {
                        cout << a[k] << " ";
                    }
                    cout << endl;
                }
            }
        }
        if (flag == 0 && m < n) { //控制游标
            m++; //找下一个位置,向右
            a[m] = 1;
        } else {
            while (a[m] > (sum - n) && m > 0) { //向左
                m--;
            }
            a[m]++;
        }
    }
    return 0;
}
```

5.4 排序

排序可以将一组数据按特定的规则排列。排序算法是常用算法，如考试后，试卷按学生的学号从小到大排序；成绩评阅后，成绩按分数从高到低排序；体育课，老师要求学生按身高从矮到高排队等。

排序算法分为稳定性排序和非稳定性排序，排序算法的稳定性是指：相同关键字的元素，经过排序之后，相对次序是否保持不变。

常用的排序算法有冒泡、选择和插入 3 种。接下来以这 3 种排序算法为例，详细讨论排序算法的思想和代码实现。

5.4.1 冒泡排序

【算法思想】

将序列中的第 1 个元素与第 2 个元素进行比较，若前者大于后者，则将第 1 个元素与第 2 个元素进行位置交换，否则不交换。

再将第 2 个元素与第 3 个元素进行比较，同样若前者大于后者，则将第 2 个元素与第 3 个元素进行位置交换，否则不交换。

以此类推，直到将第 n-1 个元素与第 n 个元素进行比较为止。这是冒泡排序的第 1 轮。这 1 轮比较完成后，n 个元素中的最大值就已经交换到第 n 个位置。

在第 2 轮中，重复比较第 1 个元素到第 n-1 个元素。由于在上一轮中，已经将最大的元素放在了第 n 个位置，所以在第 2 轮中，第 n 个元素不参与比较。

此后的每轮比较，都比上一轮减少一个元素。

直至最后一轮，第 1 个元素和第 2 个元素比较。排序完成。

【分析】

以数字序列 { 26, 22, 9, 30, 6, 8 } 为例，排序规则为从小到大。

第 1 轮排序前的状态为 26, 22, 9, 30, 6, 8。

第 1 轮第 1 次，比较 26 和 22，交换后的排序为 22, 26, 9, 30, 6, 8。
第 1 轮第 2 次，比较 26 和 9，交换后的排序为 22, 9, 26, 30, 6, 8。
第 1 轮第 3 次，比较 26 和 30，不用交换，排序为 22, 9, 26, 30, 6, 8。
第 1 轮第 4 次，比较 30 和 6，交换后的排序为 22, 9, 26, 6, 30, 8。
第 1 轮第 5 次，比较 30 和 8，交换后的排序为 22, 9, 26, 6, 8, 30。
第 1 轮完成。序列中的最大值 30，放在了序列的最后一个位置。
第 2 轮，不需要和最大值 30 进行比较，所以，比较的范围缩小 1。

第 2 轮排序前的状态为 22, 9, 26, 6, 8，末端的 30 不参与排序。

第 2 轮第 1 次，比较 22 和 9，交换后的排序为 9, 22, 26, 6, 8。

第 2 轮第 2 次，比较 22 和 26，不用交换，排序为 9, 22, 26, 6, 8。

第 2 轮第 3 次，比较 26 和 6，交换后的排序为 9, 22, 6, 26, 8。

第 2 轮第 4 次，比较 26 和 8，交换后的排序为 9, 22, 6, 8, 26。

第 2 轮完成。序列中的次大值 26，放在了序列的次末尾位置。

第 2 轮完成后，完整的序列为 9, 22, 6, 8, 26, 30。

第 3 轮，不需要和最后 2 位数字进行比较，比较范围再次缩小 1。

第 3 轮排序前的状态为 9, 22, 6, 8，末端的 26 和 30 不参与排序。

第 3 轮第 1 次，比较 9 和 22，不用交换，排序为 9, 22, 6, 8。

第 3 轮第 2 次，比较 22 和 6，交换后的排序为 9, 6, 22, 8。

第 3 轮第 3 次，比较 22 和 8，交换后的排序为 9, 6, 8, 22。

第 3 轮完成后，22 放在了第 4 位，完整的序列为 9, 6, 8, 22, 26, 30。

第 4 轮，不需要和最后 3 位数字进行比较，比较范围再次缩小 1。

第 4 轮排序前的状态为 9, 6, 8，末端的 22、26 和 30 不参与排序。

第 4 轮第 1 次，比较 9 和 6，交换后的排序为 6, 9, 8。

第 4 轮第 2 次，比较 9 和 8，交换后的排序为 6, 8, 9。

第 4 轮完成后，9 放在了第 3 位，完整的序列为 6, 8, 9, 22, 26, 30。

第 5 轮，比较范围再次缩小。

第 5 轮排序前的状态为 6, 8，末端的 9、22、26、30 不参与排序。

第 5 轮第 1 次，比较 6 和 8，不用交换。

至此，所有的比较和交换结束。

6 个数字的序列 { 26, 22, 9, 30, 6, 8 }，比较 5 轮。

第 1 轮，比较了 5 次。

第 2 轮，比较了 4 次。

第 3 轮，比较了 3 次。

第 4 轮，比较了 2 次。

第 5 轮，比较了 1 次。

n 个数字的序列，需要排序 n-1 轮。

第 1 轮，比较了 n-1 次。

第 2 轮，比较了 n-2 次。

……

第 n-2 轮，比较了 2 次。

第 n-1 轮，比较了 1 次。

【流程图】

按题意，绘制传统流程图，如图 5-22 所示。

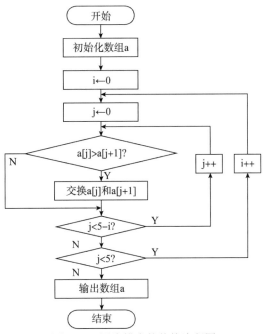

图 5-22　冒泡排序的传统流程图

【例 5-18】冒泡排序演示。

```cpp
#include <bits/stdc++.h>
using namespace std;
int main() {
    int a[] = { 26, 22, 9, 30, 6, 8 };
    int i, j, temp;
    for (i = 0; i < 5; i++) {
        for (j = 0; j < 5 - i; j++) {
            if (a[j] > a[j + 1]) {
                temp = a[j + 1];
                a[j + 1] = a[j];
                a[j] = temp;
            }
        }
    }
    printf("---排序后---\r\n");
    for (i = 0; i < 6; i++) {
        printf("%d\t", a[i]);
    }
    return 0;
}
```

运行结果如下:

```
---排序后---
6       8       9       22      26      30
```

【例 5-19】车厢重组。

【题目描述】

在一个旧式的火车站旁边有一座桥,其桥面可以绕河中心的桥墩水平旋转。一个车站的职工发现桥的长度最多能容纳两节车厢,如果将桥旋转180°,则可以把相邻两节车厢的位置交换,使用这种方法可以重新排列车厢的顺序。于是他就负责用这座桥将进站的车厢按车厢号从小到大排列。他退休后，火车站决定将这一工作自动化，其中一项重要的工作是编写一个程序，输入初始的车厢顺序，计算最少用多少步就能将车厢重新排序。

【输入格式】

2 行，第一行是车厢总数 n（不大于 10000），第二行是 n 个不同的数表示的初始车厢顺序。

【输出格式】

1 行，一个数据，是最少的旋转次数。

【输入样例】

```
4
4 3 2 1
```

【输出样例】

```
6
```

【解题思路】

题目中火车车厢利用桥墩交换位置的方法，和冒泡算法中数据两两比较交换的原理和方法一致，冒泡算法中数据交换的次数就是车厢交换的次数。

在交换数据的代码中添加一个用于统计的变量 ans，交换数据时，执行一次 ans++，最后输出 ans。

【车厢重组】

```cpp
#include<iostream>
using namespace std;
int a[10100];
int main() {
    int n;
    int i, j;
    int temp, ans = 0;
    cin >> n;
    for (i = 0; i < n; i++) {
        cin >> a[i];
    }
    for (i = 0; i < n - 1; i++) {
        for (j = 0; j < n - i - 1; j++) {
            if (a[j] > a[j + 1]) {
                temp = a[j];
                a[j] = a[j + 1];
                a[j + 1] = temp;
                ans++;
            }
        }
    }
    cout << ans << endl;
    return 0;
}
```

5.4.2 选择排序

【算法思想】

按照排序规则，每次从待排序列中选取一个元素，与参与排序序列的首位或末端元素交换，重复选取和交换，直至所有元素。

【分析】

以数字序列{ 26, 22, 9, 30, 6, 8 }为例，排序规则为从小到大。

选择排序在每一次比较时，只记录最大值的位置，并不移动数据。在检查完序列中所有数据后，再将最大值移动到末端。

第 1 轮排序前的状态为 26, 22, 9, 30, 6, 8。

第 1 轮第 1 次，比较 26 和 22，记录最大值 26 的位置 0。

第 1 轮第 2 次，比较最大值 26 和 9，记录最大值 26 的位置 0。

第 1 轮第 3 次，比较最大值 26 和 30，记录最大值 30 的位置 3。

第 1 轮第 4 次，比较最大值 30 和 6，记录最大值 30 的位置 3。

第 1 轮第 5 次，比较最大值 30 和 8，记录最大值 30 的位置 3。

第 1 轮结束后，将最大值 30 交换到末端，即 26, 22, 9, 8, 6, 30。

第 1 轮完成，序列中的最大值 30，放在了序列的最后一个位置。

第 2 轮，不需要和最大值 30 进行比较，所以比较的范围缩小 1。

第 2 轮排序前的状态为 26, 22, 9, 8, 6，末端的 30 不参与排序。

第 2 轮第 1 次，比较 26 和 22，记录最大值 26 的位置 0。

第 2 轮第 2 次，比较最大值 26 和 9，记录最大值 26 的位置 0。

第 2 轮第 3 次，比较最大值 26 和 8，记录最大值 26 的位置 0。

第 2 轮第 4 次，比较最大值 26 和 6，记录最大值 26 的位置 0。

第 2 轮结束后，将最大值 26 交换到末端，即 6, 22, 9, 8, 26。

第 2 轮完成后，完整的序列为 6, 22, 9, 8, 26, 30。

第 3 轮，不需要和最后 2 位数字进行比较，比较范围再次缩小 1。

第 3 轮排序前的状态为 6, 22, 9, 8，末端的 26 和 30 不参与排序。

第 3 轮第 1 次，比较 6 和 22，记录最大值 22 的位置 1。

第 3 轮第 2 次，比较最大值 22 和 9，记录最大值 22 的位置 1。

第 3 轮第 3 次，比较最大值 22 和 8，记录最大值 22 的位置 1。

第 3 轮结束后，将最大值 22 交换到末端，即 6, 8, 9, 22。

第 3 轮完成后，完整的序列为 6, 8, 9, 22, 26, 30。

第 4 轮，不需要和最后 3 位数字进行比较，比较范围再次缩小 1。

第 4 轮排序前的状态为 6, 8, 9，末端的 22、26、30 不参与排序。

第 4 轮第 1 次，比较 6 和 8，记录最大值 8 的位置 1。

第 4 轮第 2 次，比较最大值 8 和 9，记录最大值 9 的位置 2。

第 4 轮结束后，将最大值 9 交换到末端（原位不需要交换），即 6, 8, 9。

第 4 轮完成后，完整的序列为 6, 8, 9, 22, 26, 30。

第 5 轮，不需要和最后 4 位数字进行比较，比较范围再次缩小 1。

第5轮排序前的状态为6, 8，末端的9、22、26、30不参与排序。

第5轮第1次，比较6和8，记录最大值8的位置1。

第5轮结束后，将最大值8交换到末端（原位不需要交换），即6, 8。

第5轮完成后，完整的序列为6, 8, 9, 22, 26, 30。

至此，所有的比较和交换结束。

6个数字的序列{26, 22, 9, 30, 6, 8}，比较5轮。

第1轮，比较了5次。

第2轮，比较了4次。

第3轮，比较了3次。

第4轮，比较了2次。

第5轮，比较了1次

n个数字的序列，需要排序n-1轮。

第1轮，比较了n-1次。

第2轮，比较了n-2次。

......

第n-2轮，比较了2次。

第n-1轮，比较了1次。

【流程图】

按题意，绘制传统流程图，如图5-23所示。

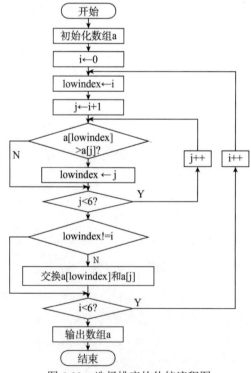

图5-23　选择排序的传统流程图

【例 5-20】选择排序演示。

```cpp
#include <bits/stdc++.h>
using namespace std;
int main() {
    int a[] = { 26, 22, 9, 30, 6, 8 };
    int i, j, temp;
    int lowindex; //最小值的序号
    for (i = 0; i < 5; i++) {
        lowindex = i;
        for (j = i + 1; j < 6; j++) {
            if (a[lowindex] > a[j]) {
                lowindex = j;
            }
        }
        if (lowindex != i) {
            temp = a[lowindex];
            a[lowindex] = a[i];
            a[i] = temp;
        }
    }
    printf("---排序后---\r\n");
    for (i = 0; i < 6; i++) {
        printf("%d\t", a[i]);
    }
    return 0;
}
```

【例 5-21】第 k 名是谁？（选择排序）

【题目描述】

在一次考试中，每位学生的成绩都不相同，已经知道了每位学生的学号和成绩，求考第 k 名学生的学号和成绩。

【输入格式】

第一行有两个整数，分别是学生的人数 n（1≤n≤100），和求第 k 名学生的 k（1≤k≤n）。

其后有 n 行数据，每行包括一个学号 sno（整数，1000≤sno≤99999999）和一个成绩 score（浮点数，0≤score≤100），中间使用一个空格分隔。

【输出格式】

1 行，第 k 名学生的学号和成绩，中间使用空格分隔。

【输入样例】

```
5 3
90788001 67.8
90788002 90.3
90788003 61
90788004 68.4
90788005 73.9
```

【输出样例】

```
90788004 68.4
```

【解题思路】

题目中需要按学生的成绩完成排序，学号和成绩需要同时参与排序，避免出现学号和成绩不对应的情况。

学号范围在 int 类型范围之内，成绩为浮点数，可以使用 double 类型。

使用两个一维数组存储学号和成绩，使用成绩作为排序依据，代码如下。

【第 k 名是谁？，beta1，选择排序】

```cpp
#include<bits/stdc++.h>
using namespace std;
int main() {
    int n, k, min;
    int a[110], ta;
    float b[110], tb;
    cin >> n >> k;
    for (int i = 0; i < n; i++) {
        cin >> a[i] >> b[i];
    }
    for (int i = 0; i < n - 1; i++) {
        min = i;
        for (int j = i + 1; j < n; j++) {
            if (b[min] < b[j]) {
                min = j;
            }
        }
        if (min != i) {
            tb = b[min];
            b[min] = b[i];
            b[i] = tb;
            ta = a[min];
            a[min] = a[i];
            a[i] = ta;
        }
    }
    cout << a[k - 1] << " " << b[k - 1];
    return 0;
}
```

交换数据部分代码，如果使用 STL，可以简化为如下代码。

```cpp
            swap(b[min],b[i]);
            swap(a[min],a[i]);
```

【第 k 名是谁？，beta2，STL 交换数据】

```cpp
#include<bits/stdc++.h>
using namespace std;
int main() {
    int n, k, min;
    int a[110];
    float b[110];
    cin >> n >> k;
    for (int i = 0; i < n; i++) {
        cin >> a[i] >> b[i];
    }
    for (int i = 0; i < n - 1; i++) {
        min = i;
        for (int j = i + 1; j < n; j++) {
            if (b[min] < b[j]) {
                min = j;
            }
        }
        if (min != i) {
            swap(b[min], b[i]);
```

```
            swap(a[min], a[i]);
        }
    }
    cout << a[k - 1] << " " << b[k - 1];
    return 0;
}
```

5.4.3　插入排序

【算法思想】

玩扑克牌时，摸牌并在手中排序的过程就是对插入排序的生动演示。开始摸牌时，摸第 1 张牌，放到左手上，以后每次摸牌，都会按照一定的规则将牌插入合适的位置，直到摸完所有的牌。这时，手上的牌已经按照一定的规则排列了。

插入排序算法也是类似，每次从数据集中拿出一个数据，将它放置到已排序队列的正确位置。

【分析】

以数字序列 { 26, 22, 9, 30, 6, 8 } 为例，排序规则为从小到大。

第 1 轮排序前的状态为 26, 22, 9, 30, 6, 8。

第 1 轮处理第 1 个数字 26，由于 1 个数字自然有序，不需要处理。

第 2 轮排序前的状态为 26, 22, 9, 30, 6, 8。

如图 5-24 所示，第 2 轮排序前，数列可视为 3 个部分（第 1 轮排序前，可以将已排序部分视为空）。先将第 2 轮处理的 22 保存在临时变量 temp 中。

图 5-24　插入排序的第 2 轮

第 2 轮第 1 次，比较变量 temp 中的 22 和已排序部分的最后一个数字 26，将较大值 26 向右侧移动，移动后的数列状态为 26, 26, 9, 30, 6, 8。

因为已经到达数列最左侧，将变量 temp 中的 22 放在位置 0，即 22, 26, 9, 30, 6, 8。

第 3 轮排序前的状态为 22, 26, 9, 30, 6, 8。

如图 5-25 所示，第 3 轮排序前，数列可视为 3 个部分。先将第 3 轮处理的 9 保存在临时变量 temp 中。

图 5-25　插入排序的第 3 轮

第 3 轮第 1 次，比较变量 temp 中的 9 和已排序部分的最后一个数字 26，将较大值 26 向右侧移动，移动后的数列状态为 22, 26, 26, 30, 6, 8。

第 3 轮第 2 次，比较变量 temp 中的 9 和已排序部分的倒数第 2 个数字 22，将较大值 22 向右侧移动，移动后的数列状态为 22, 22, 26, 30, 6, 8。

因为已经到达数列最左侧，将变量 temp 中的 9 放在位置 0，即 9, 22, 26, 30, 6, 8。

第 4 轮排序前的状态为 9, 22, 26, 30, 6, 8。

如图 5-26 所示，第 4 轮排序前，数列可视为 3 个部分。先将第 4 轮处理的 30 保存在临时变量 temp 中。

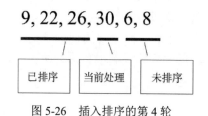

图 5-26　插入排序的第 4 轮

第 4 轮第 1 次，比较变量 temp 中的 30 和已排序部分的最后一个数字 26，由于 temp 的值比已排序部分的最后一个数字还大，不用移动。所以数列状态不变，即 22, 26, 26, 30, 6, 8。

第 5 轮排序前的状态为 9, 22, 26, 30, 6, 8。

如图 5-27 所示，第 5 轮排序前，数列可视为 3 个部分。先将第 5 轮处理的 6 保存在临时变量 temp 中。

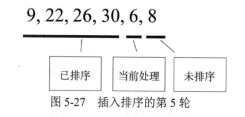

图 5-27　插入排序的第 5 轮

第 5 轮第 1 次，比较变量 temp 中的 6 和已排序部分的最后一个数字 30，将较大值 30 向右侧移动，移动后的数列状态为 9, 22, 26, 30, 30, 8。

第 5 轮第 2 次，比较变量 temp 中的 6 和已排序部分的倒数第 2 个数字 26，将较大值 26 向右侧移动，移动后的数列状态为 9, 22, 26, 26, 30, 8。

第 5 轮第 3 次，比较变量 temp 中的 6 和已排序部分的倒数第 3 个数字 22，将较大值 22 向右侧移动，移动后的数列状态为 9, 22, 22, 26, 30, 8。

第 5 轮第 4 次，比较变量 temp 中的 6 和已排序部分的倒数第 4 个数字 9，将较大值 9 向右侧移动，移动后的数列状态为 9, 9, 26, 26, 30, 8。

因为已经到达数列最左侧，将变量 temp 中的 6 放在位置 0，即 6, 9, 22, 26, 30, 8。

第 6 轮排序前的状态为 6, 9, 22, 26, 30, 8。

如图 5-28 所示，第 6 轮排序前，数列可视为 2 个部分，最后一轮，没有未排序数字了。

先将第 6 轮处理的 8 保存在临时变量 temp 中。

第 6 轮第 1 次，比较变量 temp 中的 8 和已排序部分的最后一个数字 30，将较大值 30 向右侧移动，移动后的数列状态为 6, 9, 22, 26, 30, 30。

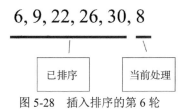

$$6, 9, 22, 26, 30, 8$$

| 已排序 | 当前处理 |

图 5-28　插入排序的第 6 轮

第 6 轮第 2 次，比较变量 temp 中的 8 和已排序部分的倒数第 2 个数字 26，将较大值 26 向右侧移动，移动后的数列状态为 6, 9, 22, 26, 26, 30。

第 6 轮第 3 次，比较变量 temp 中的 8 和已排序部分的倒数第 3 个数字 22，将较大值 22 向右侧移动，移动后的数列状态为 6, 9, 22, 22, 26, 30。

第 6 轮第 4 次，比较变量 temp 中的 8 和已排序部分的倒数第 4 个数字 9，将较大值 9 向右侧移动，移动后的数列状态为 6, 9, 9, 22, 26, 30。

第 6 轮第 5 次，比较变量 temp 中的 8 和已排序部分的倒数第 5 个数字 6，变量 temp 中的值较大，不需要移动，将 temp 中的值放在当前位置，即数列状态为 6, 8, 9, 22, 26, 30。

至此，整个排序完成，数列状态为 6, 8, 9, 22, 26, 30。

【流程图】

按题意，绘制传统流程图，如图 5-29 所示。

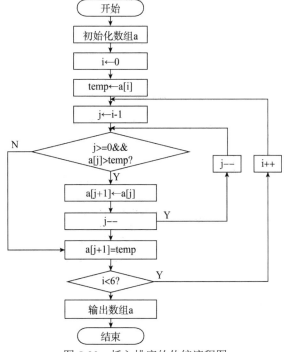

图 5-29　插入排序的传统流程图

【例 5-22】插入排序。

```cpp
#include <bits/stdc++.h>
using namespace std;
int main() {
    int a[] = { 26, 22, 9, 30, 6, 8 };
    int i, j, temp;
    for (i = 1; i < 6; i++) {
        temp = a[i];
        j = i - 1;
        while (j >= 0 && a[j] > temp) {
            a[j + 1] = a[j];
            j--;
        }
        a[j + 1] = temp;
    }
    printf("---插入排序后---\r\n");
    for (i = 0; i < 6; i++) {
        printf("%d\t", a[i]);
    }
    return 0;
}
```

【例 5-23】第 k 名是谁？（插入排序）

【题目描述】

题目描述见例 5-21。

【解题思路】

和例 5-21 相同，需要按学生的成绩完成排序，学号和成绩需要同时参与排序，避免出现学号和成绩不对应的情况。学号范围在 int 类型范围之内，成绩为浮点数，可以使用 double 类型。

使用两个一维数组存储学号和成绩，使用成绩作为排序依据，代码如下。

【第 k 名是谁？，beta3，插入排序】

```cpp
#include<bits/stdc++.h>
using namespace std;
int main() {
    int n, k, j;
    int a[110], ta;
    double b[110], tb;
    cin >> n >> k;
    for (int i = 0; i < n; i++) {
        cin >> a[i] >> b[i];
    }
    for (int i = 1; i < n; i++) {
        tb = b[i];
        ta = a[i];
        int j = i - 1;
        while (j >= 0 && b[j] < tb) {
            b[j + 1] = b[j];
            a[j + 1] = a[j];
            j--;
        }
        b[j + 1] = tb;
        a[j + 1] = ta;
    }
    printf("%d %g", a[k - 1], b[k - 1]);
    return 0;
}
```

5.5　数值处理

高精度数值处理本质上也是模拟算法，由于计算机的数据类型对取值范围有限制，当遇到超出取值范围的数值运算时，就需要使用计算机"模拟"人类的运算过程。

5.5.1　高精度加法

【例 5-24】大整数求和。

【题目描述】

求两个不超过 400 位的非负整数的和。

【输入格式】

2 行，每行是一个不超过 400 位的非负整数，可能有多余的前导 0。

【输出格式】

1 行，即相加后的结果。结果中不能有多余的前导 0，即如果结果是 626，那么就不能输出为 0626。

【输入样例】

```
44444444444444444444444444444444444
55555555555555555555555555555555555
```

【输出样例】

```
99999999999999999999999999999999999
```

【分析】

C++语言中不同的数据类型可表示数据范围的大小不同，int 类型占用 4 字节，最大值为 2147483647，如果使用 unsigned 关键字声明变量，则可以去掉符号位，取值范围中没有负数。例如，unsigned int 类型也是占用 4 字节，取值范围由原有 int 的-2147483647～+2147483647 调整为 0～4294967295；同理，unsigned long long 类型占用 8 字节，取值范围调整为 0～18446744073709551615；最大取值范围是浮点数类型 long double，占用 16 字节，可表示的最大值为 1.18973e+4932。

但无论哪种数据类型，所表示的都是比较小的数据范围，在数值计算中常常会遇到超出范围的情况。如何才能实现存储并运算更大的数据呢？这时，就需要使用高精度计算方法。

在高精度计算中，首先要解决的就是数字的存储问题。由于需要运算的数字会超出数据类型的表示范围，所以，考虑使用数组记录数字的每一位。

C++语言中最大的整数类型是 unsigned long long，可以存储的最大整数是 18446744073709551615，超出这个范围的数字，如 40 位的数字 12345678901234567890123 45678901234567890，可以用长度为 40 位的数组存储：a[40]={1,2,3,4,5,6,7,8,9,0,1,2,3,4,5,6,7, 8,9,0,1,2,3,4,5,6,7,8,9,0,1,2,3,4,5,6,7,8,9,0}。

解决了数字存储问题，再探讨数字的运算问题，这里先用两个较小的数字探讨，如数字 927+858，先讨论加法的竖式运算规则，如表 5-2 所示。

表 5-2　加法的竖式运算规则

数	千位	百位	十位	个位
a		9	2	7
b		8	5	8
直接		17	7	15
进位	1	0	1	0
最终	1	7	8	5

加法运算从最右侧的个位开始做竖向加法运算。遇到竖向加法运算的结果大于 9 时，就会产生进位。产生的进位会影响左侧的计算结果。所以高精度加法应该从最右侧开始计算。

大整数的输入时不能按数值类型读取，只能按字符类型读取到字符数组或字符串，再转换为数组类型。

【大整数求和，beta1，数字存储】

演示读取大整数到字符型数组。

```cpp
#include <bits/stdc++.h>
using namespace std;
int main() {
    char charA[401], charB[401];
    gets(charA);
    gets(charB);
    return 0;
}
```

字符型数组中保存的字符，需要转换为数值型数字才能进行计算，如字符"0"对应的 ASCII 编码为 48，"1"对应的 ASCII 编码为 49。另外，声明两个整数型数组保存数值。读取大整数到字符型数组之后，需要将字符型转换为数值型。

【大整数求和，beta2，字符数组转换为整数数组】

```cpp
#include <bits/stdc++.h>
using namespace std;
int main() {
    char charA[401], charB[401];
    int a[401], b[401], c[401];
    gets(charA);
    gets(charB);
    for (int i = 0; i < strlen(charA); i++) {
        a[i] = charA[i] - 48;
        cout << a[i];
    }
    cout << endl;
    for (int i = 0; i < strlen(charB); i++) {
        b[i] = charB[i] - 48;
        cout << b[i];
    }
    cout << endl;
    return 0;
}
```

按照加法运算的规则，加法运算从最右侧开始，如图 5-30 所示。

$$
\begin{array}{ccc}
 & a_3 & a_2 & a_1 \\
+ & b_3 & b_2 & b_1 \\
\hline
 & c_3 & c_2 & c_1 \\
\end{array}
$$

图 5-30　加法的竖式运算位置

当 $a_1+b_1 \geqslant 10$ 时，需要进位，设进位数为 x，$x=(a_1+b_1)/10$，而 $c1=(a_1+b_1)\%10$。

再考虑更加普遍的情况，两个相加的数字位数不一定相同。例如，89 和 765 相加。读取字符时，都是按照从左到右存放，如表 5-3 所示。

表 5-3　数组从左侧开始存储数字

数组	位数		
	0	1	2
charA	8	9	
charB	7	6	5

在参与运算时，需要从每个数组的最右侧开始，而每个数组的最右侧是不相同的。还要注意不能超过界限，每个数组的最小下标是 0。

【大整数求和，beta3】

```cpp
#include <bits/stdc++.h>
using namespace std;
int main() {
    char charA[401], charB[401];
    int a[401], b[401], c[401];
    int lena, lenb, lenc, x, i, j, k; //数组a、b、c的长度
    gets(charA);
    gets(charB);
    memset(c, 0, sizeof(c));
    lena = strlen(charA);
    lenb = strlen(charB);
    for (int i = 0; i < lena; i++) {
        a[i] = charA[i] - '0';
    }
    for (int i = 0; i < lenb; i++) {
        b[i] = charB[i] - '0';
    }
    lenc = max(lena, lenb);
    x = 0; //每次的进位
    i = lenc - 1; //从最后一位开始
    j = lena - 1;
    k = lenb - 1;
    while (i >= 0) {
        c[i] = x;
        if (j >= 0) {
            c[i] += a[j];
        }
        if (k >= 0) {
            c[i] += b[k];
        }
        x = c[i] / 10;
        c[i] %= 10;
        i--;
        j--;
        k--;
```

```
    }
    if (x) {
        cout << x;
    }
    for (int m = 0; m < lenc; m++) {
        cout << c[m];
    }
    return 0;
}
```

5.5.2　高精度减法

【例 5-25】大整数求差。

【题目描述】

求两个不超过 400 位的非负整数的差。

【输入格式】

2 行，每行是一个不超过 400 位的非负整数，可能有多余的前导 0。

【输出格式】

1 行，第 1 行减去第 2 行的结果。结果中不能有多余的前导 0，即如果结果是 626，那么就不能输出为 0626。

【输入样例】

```
5555555555555555555555555555555555
4444444444444444444444444444444444
```

【输出样例】

```
1111111111111111111111111111111111
```

【分析】

高精度求差计算的基本思路和求和运算的基本思路一致，都是模拟竖式运算，与求和不同的是，如果不够减，向高位借 1。

需要注意的是，被减数必须比减数大。先通过字符串长度和字符串比较函数，判断被减数和减数之间的大小关系。

按照减法运算的规则，减法运算从最右侧开始，如图 5-31 所示。

$$\begin{array}{ccc} a_3 & a_2 & a_1 \\ - \quad b_3 & b_2 & b_1 \\ \hline c_3 & c_2 & c_1 \end{array}$$

图 5-31　减法的竖式运算位置

当 $a_1 < b_1$ 时，需要借位，设借位数为 x（x=0 或 x=-1）。

当 $a_1 + x \geqslant b_1$ 时，$c_1 = a_1 + x - b_1$，然后 x=0。

当 $a_1 + x < b_1$ 时，$c_1 = 10 + (a_1 + x - b_1)$，然后 x=-1。

【大整数求差】

```cpp
#include <bits/stdc++.h>
using namespace std;
int main() {
```

```
    char charA[200], charB[200];
    int a[200], b[200], c[201];
    int lena, lenb, lenc, x, i, j, k; //数组 a、b、c 的长度
    int aj, bk;
    bool minus = false;
    gets(charA);
    gets(charB);
    memset(c, 0, sizeof(c));
    lena = strlen(charA);
    lenb = strlen(charB);
    if (lena < lenb || (lena == lenb && strcmp(charA, charB) < 0)) {
        //交换被减数和减数
        minus = true;
        for (int i = 0; i < lenb; i++) {
            a[i] = charB[i] - 48;
        }
        for (int i = 0; i < lena; i++) {
            b[i] = charA[i] - 48;
        }
    } else {
        for (int i = 0; i < lena; i++) {
            a[i] = charA[i] - 48;
        }
        for (int i = 0; i < lenb; i++) {
            b[i] = charB[i] - 48;
        }
    }
    lenc = max(lena, lenb);
    x = 0; //每次的借位
    i = lenc - 1; //从最后一位开始
    j = lena - 1;
    k = lenb - 1;
    while (i >= 0) {
        if (j >= 0) {
            aj = a[j];
        } else {
            aj = 0;
        }
        if (k >= 0) {
            bk = b[k];
        } else {
            bk = 0;
        }
        if (aj + x >= bk) {
            c[i] = aj + x - bk;
            x = 0;
        } else {
            c[i] = 10 + (aj + x - bk);
            x = -1;
        }
        i--;
        j--;
        k--;
    }
    if (minus) {
        cout << "-";
    }
    for (int m = 0; m < lenc; m++) {
        cout << c[m];
```

```
        }
        return 0;
    }
```

【思考练习】

习题 5-1：寻找北斗七星数

【题目描述】

北斗七星数：是指一个 7 位数，它的每个数位上数字的 7 次幂之和等于它本身，如 $4210818 = 4^7 + 2^7 + 1^7 + 0^7 + 8^7 + 1^7 + 8^7$。

编程，输入指定范围内，所有符合条件的北斗七星数。

【输入格式】

1 行，使用空格分隔的两个 7 位数字。

【输出格式】

1 行，两个 7 位数字范围内，所有符合条件的北斗七星数。如果指定范围内没有符合条件的数字，则输出-1。

【输入样例】

```
1741720 4210819
```

【输出样例】

```
2
```

习题 5-2：寻找自幂数

【题目描述】

若一个 n 位自然数等于自身每个数位上数字的 n 次幂之和，则称此数为自幂数。例如，3 位数，$153 = 1^3 + 5^3 + 3^3$；7 位数，$4210818 = 4^7 + 2^7 + 1^7 + 0^7 + 8^7 + 1^7 + 8^7$。

编程，输入指定范围内，所有符合条件的自幂数。

【输入格式】

1 行，使用空格分隔的两个整数。

【输出格式】

1 行，两个整数范围内，所有符合条件的自幂数。如果指定范围内没有符合条件的数字，则输出-1。

【输入样例】

```
153 4210819
```

【输出样例】

```
13
```

【样例说明】

从 153 到 4210819 的自幂数如下。

3 位自幂数：153、370、371、407。

4 位自幂数：1634、8208、9474。

5 位自幂数：54748、92727、93084。

6 位自幂数：548834。

7 位自幂数：1741725、4210818。

共计 13 个自幂数。

习题 5-3：统计矩形

【题目描述】

有一个 n×m 方格的棋盘，求其方格包含多少正方形、长方形（不包含正方形）。

【输入格式】

1 行，使用空格分隔的两个正整数 n 和 m（n≤5000，m≤5000）。

【输出格式】

1 行，两个正整数，分别表示方格棋盘包含多少正方形、长方形（不包含正方形）。

【输入样例 1】

```
2 3
```

【输出样例 1】

```
8 10
```

习题 5-4：n 皇后问题

【题目描述】

八皇后问题，是一个古老而著名的问题，是回溯算法的典型案例。在 8×格的国际象棋上摆放 8 个皇后，使其不能互相攻击，即任意两个皇后都不能处于同一行、同一列或同一斜线上，问有多少种摆法。

小明学习八皇后问题后，想继续寻找 n 个皇后在 n×n 格的棋盘上的摆法有多少种，请编程解决。

【输入格式】

1 行，1 个数字，皇后数量 n，对应的棋盘为 n×n 格。

【输出格式】

1 行，对应的摆法数量，如果不存在符合条件的摆法，则输出 0。

【输入样例 1】

```
4
```

【输出样例 1】

```
2
```

【输入样例 2】

```
8
```

92

【说明】

4 个皇后在 4×4 的棋盘上有 2 种摆法，8 个皇后在 8×8 的棋盘上有 92 种摆法。

习题 5-5：环状序列的字典序

【题目描述】

长度为 n 的环状串，分别从每个位置开始顺时针，可以有 n 种表示法，如图 5-32 所示的环状结构。

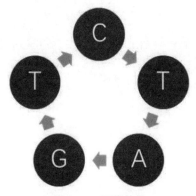

图 5-32 环状结构

从不同的位置开始顺时针，可以得到如下 5 个字符串：CTAGT、TAGTC、AGTCT、GTCTA、TCTAG。在这 5 种表示方法中，按照英文字典中单词的排列顺序排序为 AGTCT、CTAGT、GTCTA、TAGTC、TCTAG。

AGTCT 称为字典序的最小排列，TCTAG 称为字典序的最大排列。

字典序：当某一位置字符不同时，字符 ASCII 码较小的字典序较小。如果两个字符串，一个已经结束，另一个字符串还有字符，已经结束的字符串较小。

【输入格式】

1 行，1 个长度为 n 的字符串，对应一个环状结构的一种顺时针表示方法（2≤n≤100）。

【输出格式】

1 行，环状结构的所有表示方法中字典序最小的表示。

【输入样例】

CTAGT

【输出样例】

AGTCT

习题 5-6：汉诺塔移动步骤

【题目描述】

汉诺塔问题源自印度的一个古老传说，大梵天创造世界的时候做了 3 根金刚石柱子，在一根柱子上从下往上按照大小顺序摞着 64 片黄金圆盘。大梵天命令婆罗门把圆盘从下面开始按大小顺序重新摆放在另一根柱子上。

并且规定：①在小圆盘上不能放大圆盘；②在 3 根柱子之间一次只能移动一个圆盘。

编程求解，指定 n 个圆盘，从 A 移动到 C 的具体移动步骤。

【输入格式】

1 行，圆盘的量 n（n 为整数）

【输出格式】

多行，n 个圆盘，从 A 移动到 C，需要移动的最少移动步骤。一行输出一次移动的源盘编号和目的盘编号，中间使用空格分隔。

【输入样例】

```
3
```

【输出样例】

```
A C
A B
C B
A C
B A
B C
A C
```

【数据规模及约定】

1≤n≤12。

读书笔记

第 6 章

进阶算法

进阶算法和基础算法相比，包含更多的数学推导和编程技巧。本章主要讲解查找、搜索、贪心和动态规划 4 种算法。

6.1 查找

在一系列没有排序的数据中寻找特定值，只能一个一个依次查找，这就是顺序查找。在一本字典中查找一个单词，幸好字典中的单词是已经排序的，可以按照单词的字母出现规律查找。类似于字典，已经排序的数据可以使用二分查找进行查找，实现快速匹配数据。

6.1.1 顺序查找

【算法思想】

对于数字序列，从第一个元素开始，与目标比较，直到所有元素查找完毕。

【算法分析】

以数字序列 { 26, 22, 9, 30, 6, 8 } 为例，查找目标 22。

第 1 次选取序列中的第 1 位 26，与目标 22 比较。

第 2 次选取序列中的第 2 位 22，与目标 22 比较，查找完成。

【例 6-1】顺序查找。

```
#include <bits/stdc++.h>
using namespace std;
int main() {
    int a[] = { 26, 22, 9, 30, 6, 8 };
    int i;
    for (i = 0; i < 6; i++) {
        if (a[i] == 22) {
            break;
```

```
        }
    }
    printf("目标 22 所在位置：%d,是数组的第%d 个元素", i, i + 1);
    return 0;
}
```

运行结果如下：

目标 22 所在位置：1,是数组的第 2 个元素

【例 6-2】查找并统计求救信号。

【题目描述】

救助中心每天都会收到很多求救信号。收到求救信号后，救助中心会分析求救信号，找出最紧急的求救者给予救助。

求救信号是一个由小写英文字母组成的字符串，字符串中连续 3 个字符依次组成"sos"的情况越多（即包含字串"sos"的数目越多），代表求救者情况越紧急。

现在请你帮助救助中心找出最紧急的求救者。注意，字符串中包含的"sos"可以有重叠，如"sosos"算作包含 2 个"sos"。

【输入格式】

第一行一个整数 n，表示求救者的数目。

接下来有 2n 行，每行一个由小写英文字母组成的字符串。这 2n 行中，第 2i-1（1≤i≤n）行的字符串表示第 i 个求救者的名字，第 2i 行的字符串表示第 i 个求救者的求救信号。

【输出格式】

2 行，第一行是最紧急求救者的名字。如果最紧急求救者有多个，则按照输入的顺序将他们的名字依次输出，相邻两个名字之间使用空格分隔。

第二行为一个整数，表示最紧急求救者的求救信号中包含多少个"sos"子串。

【输入样例】

```
2
adam
ineedhelpsosineedhelpsos
mark
ineedmorehelpsoshelpmesossoshelpme
```

【输出样例】

```
mark
3
```

【输入样例 2】

```
3
susan
sosososososos
jack
sossossossos
allen
soshelpsossossossossos
```

【输出样例 2】

```
susan allen
6
```

【数据范围】

对于 10% 的数据，n=1。

对于所有的数据，n<100，求救者名字的长度不超过 20，求救信号的长度不超过 200。

【算法分析】

先读取 n（求救者数量），再循环 n 次，每次读取 2 行，第 1 行是求救者姓名，读取到字符串 name，第 2 行是求救信号。

对每行求救信号，从第 1 个字符开始，直到最后一个字符，对检测每个字符是否为 sos，如果是，则计数器累加。

【查找并统计求救信号，beta1】

```cpp
#include <bits/stdc++.h>
using namespace std;
int main() {
    int i, j;
    int n, max, number;
    string name, signal, maxname;
    scanf("%d", &n);
    max = 0;
    for (i = 0; i < n; i++) {
        cin >> name;
        cin >> signal;
        cout <<name<<"\t"<<signal<<endl;
        number = 0;
        for (j = 0; j < signal.size(); j++) {
            if (signal[j] == 's' && signal[j + 1] == 'o'
                    && signal[j + 2] == 's') {
                cout << "j=" << j << endl;
                number++;
            }
        }
        if (number > max) {
            maxname = name;
            max = number;
        } else if (number == max) {
            maxname.append(" ").append(name);
        }
    }
    cout << maxname << endl;
    cout << max << endl;
    return 0;
}
```

【查找并统计求救信号，beta2，AC 代码】

```cpp
#include <bits/stdc++.h>
using namespace std;
int main() {
    int i, j;
    int n, max, number;
    string name, signal, maxname;
    scanf("%d", &n);
    max = 0;
    for (i = 0; i < n; i++) {
        cin >> name;
        cin >> signal;
        number = 0;
```

```
        for (j = 0; j < signal.size(); j++) {
            if (signal[j] == 's' && signal[j + 1] == 'o'
                    && signal[j + 2] == 's') {
                number++;
            }
        }
        if (number > max) {
            maxname = name;
            max = number;
        } else if (number == max) {
            maxname.append(" ").append(name);
        }
    }
    cout << maxname << endl;
    cout << max << endl;
    return 0;
}
```

6.1.2 二分查找

【算法思想】

对已排序数字序列，将中间位置元素与查找目标比较，如果相等，则找到目标；如果不相等，则通过大小可以确定目标在中间位置元素的左侧或右侧。

进一步，在包含目标的子序列中，确定中间位置，重复以上查找操作，直至查找到目标。

【例 6-3】二分查找。

以已排序数字序列{15,28,35,37,42,56,78,82,92,98}为例，查找目标 92。

【算法分析】

使用二分查找，在已经排序的序列中查找目标。

首先确定中间位置=(首+尾)/2，结果取整。

第 1 次选取序列中的中间位置（(0+9)/2=4.5，取整后是 4，数组的下标 4 是数组的第 5 个数字），位置 4 对应数字 42，与目标 92 比较，42<92，可以确定，目标在位置 4 的右侧，所以首位置修改为 5。

第 2 次选取序列中的中间位置（(5+9)/2=7.5，取整后是 7，数组的下标 7 是数组的第 8 个数字），位置 7 对应数字 82，与目标 92 比较，82<92，可以确定，目标在位置 7 的右侧，所以首位置修改为 7。

第 3 次选取序列中的中间位置（(7+9)/2=8，取整后是 8，数组的下标 8 是数组的第 9 个数字），位置 8 对应数字 92，与目标 92 比较，92==92，查找完毕。

【流程图】

按算法分析设计传统流程图，如图 6-1 所示。

【二分查找】

```
#include <bits/stdc++.h>
using namespace std;
int main() {
    int a[] = { 15, 28, 35, 37, 42, 56, 78, 82, 92, 98 };
    int i, j, m;
```

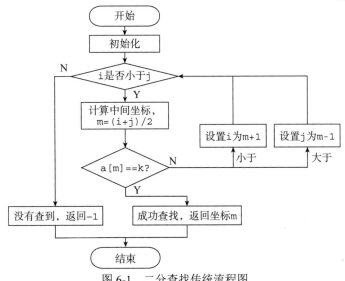

图 6-1　二分查找传统流程图

```
int target = 92;
i = 0;
j = 9;
m = i;
while (a[m] != target && i < j) {
    m = (i + j) / 2;
    printf("查找到a[%d]=%d,\ti=%d\tj=%d\r\n", m, a[m], i, j);
    if (a[m] == target) {
        break;
    } else if (a[m] > target) {
        j = m - 1;
    } else {
        i = m + 1;
    }
}
if (i < j) {
    printf("目标%d所在位置：%d,是数组的第%d个元素", target, m, m + 1);
} else {
    printf("目标没有找到,最后一次查找位置在%d,a[%d]=%d", m, m, a[m]);
}
return 0;
}
```

运行结果如下：

```
查找到a[4]=42,   i=0      j=9
查找到a[7]=82,   i=5      j=9
查找到a[8]=92,   i=8      j=9
目标92所在位置：8,是数组的第9个元素
```

修改查找目标 target=91，运行结果如下：

```
查找到a[4]=42,   i=0      j=9
查找到a[7]=82,   i=5      j=9
查找到a[8]=92,   i=8      j=9
目标没有找到,最后一次查找位置在8,a[8]=92
```

修改查找目标 target=16，运行结果如下：

```
查找到a[4]=42,   i=0      j=9
```

```
查找到 a[1]=28,  i=0     j=3
目标没有找到,最后一次查找位置在 1,a[1]=28
```

修改查找目标 target=34，运行结果如下：

```
查找到 a[4]=42,  i=0     j=9
查找到 a[1]=28,  i=0     j=3
查找到 a[2]=35,  i=2     j=3
目标没有找到,最后一次查找位置在 2,a[2]=35
```

6.2 搜索

搜索算法用于在"图"中搜索符合条件的内容，是最常见也是最简单的方法，类似于暴力枚举。如果在算法中采用一些优化方法，就可以跳过很多无效的搜索。

常用的搜索算法有深度优先搜索算法（depth first search，DFS）和广度优先搜索算法（breath first search，BFS），这两种算法广泛用于拓扑排序和寻路（走迷宫）问题。

6.2.1 深度优先搜索

【算法思想】

深度优先搜索的解决思想是，从一个未访问的顶点开始，沿着一条路一直走到底（深度优先），然后从这条路尽头的节点回退到上一个分支节点，再从另一个分支开始走到底，直至搜索完所有顶点为止。

树是图的一种特例（连通无环的图就是树），如图 6-2 所示，使用深度优先搜索树的方法具体如下。

从根节点 1 开始，先搜索 2，再搜索 5 和 9。节点 9 是叶子节点，返回到上一个分支节点 1，排除已经搜索过的 2 之后，找到节点 3。从 3 开始继续搜索，依次搜索 3、6 和 10，搜索节点 10 后，在返回过程中，首先找到分支节点 3，发现节点 3 还有一个未搜索的分支 7，搜索 7 之后返回 3，再返回 1。排除已经搜索过的 2 和 3 后，从未搜索过的节点 4 开始，继续搜索节点 8，完成整个搜索过程。

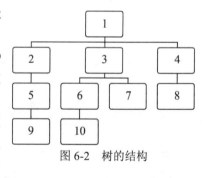

图 6-2　树的结构

由此可见，深度优先搜索节点的顺序依次是：1、2、5、9、3、6、10、7、4、8。

【例 6-4】八皇后（递归）。

【题目描述】

八皇后问题，是一个古老而著名的问题，是回溯算法的典型案例。在 8×8 格的国际象棋上摆放 8 个皇后，使其不能互相攻击，即任意两个皇后都不能处于同一行、同一列或同一斜线上，问有多少种摆法。

小明学习八皇后问题后，想继续寻找 n 个皇后在 n×n 格的棋盘上的摆法有多少种，请编程解决。

【输入格式】

1 行，1 个数字，皇后数量 n，对应 n×n 格的棋盘。

【输出格式】

1 行，对应的摆法数量，如果不存在符合条件的摆法，则输出 0。

【输入样例 1】

4

【输出样例 1】

2

【输入样例 2】

8

【输出样例 2】

92

【说明】

4 个皇后在 4×4 的棋盘上有 2 种摆法，8 个皇后在 8×8 的棋盘上有 92 种摆法。

【解题思路】

八皇后问题在第 5 章的回溯算法中，已经有回溯算法的解决方案，这里使用深度优先搜索再次尝试解决。先考虑如何解决八皇后的简化版本——四皇后问题，即在 4×4 的方格中放 4 个皇后。

先从使用递归函数完成所有每行放一个棋子的方案开始；如下代码可以显示具体方案内容。

【四皇后，深度优先】

```cpp
#include<iostream>
using namespace std;
int a[10];
int total; //统计符合条件的组合数
int n; //输入的数
int print() {
    cout << "a[]:";
    for (int i = 1; i <= n; i++) {
        cout << a[i] << " ";
    }
    cout << endl;
}
void dfs(int i) { //搜索第 i 行的方案,i 是行数
    if (i > n) {
        print(); //自定义输出
        //条件：4 行都放了棋子
        total++; //统计,total 是总数
        return;
    } else {
        for (int j = 1; j <= n; j++) { //j 是可以摆放的列,为 1~4
            a[i] = j; //第 i 行放在 j 列
            dfs(i + 1); //继续摆放下一行
        }
```

```
        }
    }
int main() {
    n = 4;
    dfs(1); //从第 1 行开始摆放
    cout << total; //输出符合条件的组合数
    return 0;
}
```

运行结果如下：

```
a[]:1 1 1 1
a[]:1 1 1 2
a[]:1 1 1 3
a[]:1 1 1 4
a[]:1 1 2 1
a[]:1 1 2 2
······中间内容省略
a[]:4 4 3 4
a[]:4 4 4 1
a[]:4 4 4 2
a[]:4 4 4 3
a[]:4 4 4 4
256
```

在所有 256 个候选解中，有大量的不符合条件的解。在运行结果中，以 11 开头的组合由于有相同元素，明显不符合条件，应当"剪掉"，如图 6-3 所示，11 开头的 1111、1112、1113、1114 等都应当"剪掉"，这个操作称为"剪枝"。

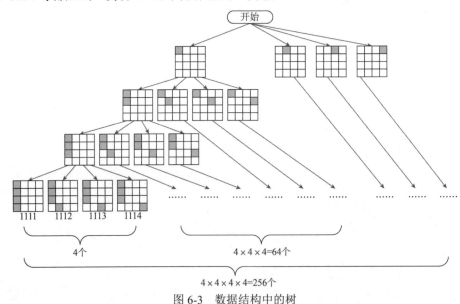

图 6-3　数据结构中的树

所有的方案可以按树形结构，构成一棵"解"树。四皇后问题的正解就在这棵树中。

【检测棋子不互相攻击的方法】

由于 1 行只放 1 个棋子，需要排除的情况有 3 种：①同列；②同在左下到右上斜线上，如图 6-4 所示；③同在右下到左上斜线上，如图 6-5 所示。

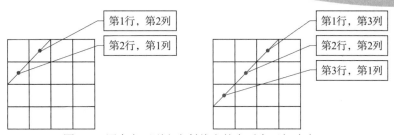

图 6-4 同在左下到右上斜线上的皇后会互相攻击

第 1 种同列情况排除，需要单独设置一个数组，用于保存哪些列还可以放棋子。

第 2 种情况，先分析同在左下到右上斜线上的特点。

仔细分析可以发现，在同一条左下到右上斜线上的所有位置（第 i 行，第 j 列）共有的特性为 i+j 的值是固定的。

第 3 种情况，再分析同在右下到左上斜线上的特点。

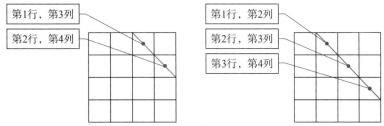

图 6-5 同在右下到左上斜线上的皇后会互相攻击

按照上述分析方向可以发现，在同一条右下到左上斜线上的所有位置（第 i 行，第 j 列）的共有特性为 i-j 的值是固定的。

完成"剪枝"操作后，可以得到如图 6-6 所示的简化的解树。

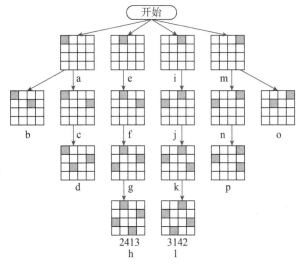

图 6-6 完成"剪枝"操作后的解树

【八皇后，深度优先】

```cpp
#include<iostream>
using namespace std;
int a[50], b[50], c[50], d[50];
//a 数组,记录解;
//b 数组,记录列的使用情况;
//c 数组,记录左下到右上的对角线的使用情况;
//d 数组,记录左上到右下的对角线的使用情况;
int total; //总数:记录解的总数
int n; //输入的数,四皇后中 n=4
int print() {
    for (int i = 1; i <= n; i++) {
        cout << a[i] << " ";
    }
    cout << endl;
}
void dfs(int i) { //搜索第 i 行的方案,i 是行数
    if (i > n) { //大于 n,说明前 n 行都已经完成摆放
        print(); //自定义输出
        total++; //统计,total 是总数
        return;
    } else {
        for (int j = 1; j <= n; j++) { //尝试可能的位置
            if ((!b[j]) && (!c[i + j]) && (!d[i - j + n])) { //没有皇后占领,执行
                a[i] = j; //摆放棋子,在第 i 行,摆放在第 j 列
                b[j] = 1; //记录第 j 列已经放置了棋子,避免棋子出现攻击
                c[i + j] = 1; //记录左下到右上
                d[i - j + n] = 1; //记录右下到左上
                dfs(i + 1); //继续摆放下一行的棋子
                b[j] = 0; //清除标记
                c[i + j] = 0;
                d[i - j + n] = 0;
            }
        }
    }
}
int main() {
    cin >> n;
    dfs(1); //第一个皇后
    cout << total; //输出可能的总数
    return 0;
}
```

6.2.2 广度优先搜索

【算法思想】

广度优先搜索是从一个未遍历的节点出发，先遍历这个节点的相邻节点，再依次遍历每个相邻节点的相邻节点，直至所有节点完成。图 6-2 中树形结构的广度优先搜索过程具体为，从根节点 1 开始，先搜索与节点 1 直接连接的第 1 层节点（2、3、4），再搜索与第 1 层节点相邻的第 2 层节点（5、6、7、8），最后是第 3 层节点（9、10）。

由此可见，广度优先搜索节点的顺序依次是：1、2、3、4、5、6、7、8、9、10。

广度优先搜索的算法思想和深度优先搜索的算法思想不一样，广度优先搜索使用队列实现，每次取出队列首元素，处理这个元素的过程中产生的其他待处理元素都先放在队列中排队，留待以后处理，确保当前元素处理完成。

【例6-5】马走日问题。

【题目描述】

中国象棋的棋子在线条的交叉点，现有一个马在某个位置（x,y），求出马到达棋盘上其他点最少要走几步。

【输入格式】

1 行，前两个数字 n 和 m 是棋盘线条的行数和列数，后两个数字是马的起点（x,y），表示马的起点是第 x 行第 y 列。

【输出格式】

输出 n 行 m 列数字，数字之间使用空格分隔。数字表示马到达这个位置的步数。

【输入样例】

```
10 9 3 4
```

【输出样例】

```
3 4 1 2 1 4 3 2 3
2 1 2 3 2 1 2 3 4
3 2 3 0 3 2 3 2 3
2 1 2 3 2 1 2 3 4
3 4 1 2 1 4 3 2 3
2 3 2 3 2 3 2 3 4
3 2 3 2 3 2 3 4 3
4 3 4 3 4 3 4 3 4
3 4 3 4 3 4 3 4 5
4 5 4 5 4 5 4 5 4
```

【算法分析】

马在 10 行 9 列棋盘的第 3 行第 4 列。按照中国象棋的规则，马可以到达与当前位置相关的其他 8 个点，如图 6-7（a）所示，标记点 0 周围有 8 个标记点，其中每个标记点都有 8 个下一级标记点，如图 6-7（b）所示。马走到第 4 行第 6 列之后，下一次可以达到的位置及步数是标记为 2 的 8 个点。

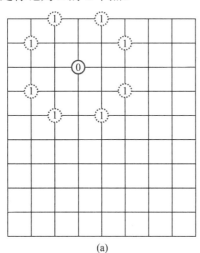 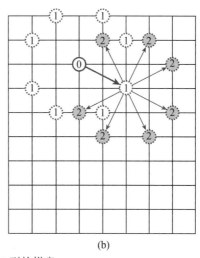

(a)   (b)

图 6-7 10 行 9 列的棋盘

题目中的棋盘对应 1 个二维数组,二维数组先初始化为一个特定值(特定值可以是-1),从起点开始,将起点设为 0,表示到达起点的步数为 0 步。然后修改对应的 8 个位置点的值为下一次的步数。再从这 8 个点出发,修改分别对应的其他位置点的值。

为了实现按照广度优先原则的搜索顺序,将下一次需要处理的位置坐标加入队列中,处理完当前位置后,再从队列中取出下一个位置点,直到所有位置点处理完成。

【马走日问题】

```cpp
#include<bits/stdc++.h>
using namespace std;
#define N 410
struct coord {
    int x, y;
};
queue<coord> q;
int a[N][N];
int d[8][2] = { { 2, 1 }, { 1, 2 }, { -1, 2 }, { -2, 1 }, { -2, -1 },
     { -1, -2 }, { 1, -2 }, { 2, -1 } };
int n, m, sx, sy; //n*m的棋盘上;sx,sy是马的起点
void printa() {
    for (int i = 1; i <= n; i++) {
        for (int j = 1; j <= m; j++) {
            cout << a[i][j] << " ";
        }
        cout << endl;
    }
}
int main() {
    coord t;
    int dx, dy;
    memset(a, -1, sizeof(a));
    cin >> n >> m >> sx >> sy;
    coord start = { sx, sy }; //起点
    q.push(start);
    a[sx][sy] = 0; //设置起点位置为已访问
    while (!q.empty()) { //当队列不为空
        t = q.front(); //取出队列中的第一个元素
        q.pop(); //删除队列中的第一个元素
        //查看当前位置的马周围可以走的 8 个位置
        for (int i = 0; i < 8; i++) { //8个偏移位置
            dx = t.x + d[i][0];
            dy = t.y + d[i][1];
            //如果偏移位在棋盘内,并且没有被访问过
            if (dx>=1 && dx<=n && dy>=1 && dy<=m && a[dx][dy] == -1) {
                a[dx][dy] = a[t.x][t.y] + 1;
                coord next = { dx, dy };
                q.push(next);
            }
        }
    }
    printa();
    return 0;
}
```

6.3 贪心策略和动态规划

贪心和动态规划都是最优化问题。贪心算法的每一步骤都会选择当前状态下最优的选项。贪心算法并不保证能得到问题的整体最优解。贪心策略没有固定的算法框架，算法设计的关键是贪心策略的选择。

动态规划由于各种问题的性质不同，确定最优解的条件也互不相同。因此，针对不同的问题，动态规划的设计方法也是各具特色的解题方法，不存在一种万能的动态规划算法。对动态规划的基本概念和方法理解后，具体问题具体分析，以丰富的想象力去建立模型，使用创造性的技巧去求解。通过对若干有代表性的问题的动态规划算法进行分析、讨论，逐渐掌握动态规划的使用方法。

6.3.1 贪心策略

贪心策略不是对所有的问题都能得到整体最优解。

使用贪心策略解决问题的步骤如下。

（1）建立数学模型来描述问题。

（2）把求解的问题分成若干个子问题。

（3）对每一子问题求解，得到子问题的局部最优解。

（4）把子问题的解局部最优解合成原来解问题的一个解。

【例 6-6】找零钱。

【题目描述】

商店有若干张 50、20、10、5、1 元面额的零钱，顾客购物后需要找零 n 元，应如何找零，并使找零的张数最小呢？

【输入格式】

1 行，整数 n，需要找零的钱，0<n<100。

【输出格式】

1 行，找零钱的张数。

【输入样例】

23

【输出样例】

4

【算法分析】

为了使找给顾客的零钱张数最小，在选择时，尽可能选择面值大的零钱。

把可以使用的零钱面额保存在数组中{50, 20, 10, 5, 1}。

将需要找零的数与面额数组中的第 1 个数进行比较，如果大于面额，则张数增加 1，零钱减少相应的面额。一直到零钱小于面额，再与下一个面额进行比较。

【找零钱，beta1】

```cpp
#include <bits/stdc++.h>
using namespace std;
int main() {
    int n = 43;
    int a[5] = { 50, 20, 10, 5, 1 };
    int i = 0, sum = 0;
    while (n > 0) {
        while (n >= a[i]) {
            n = n - a[i];
            sum++;
        }
        i++;
    }
    printf("%d\n", sum);
    return 0;
}
```

【找零钱，beta2，AC 代码】

```cpp
#include <bits/stdc++.h>
using namespace std;
int main() {
    int n;
    int a[5] = { 50, 20, 10, 5, 1 };
    int i = 0, sum = 0;
    scanf("%d", &n);    //需要找零
    while (n > 0) {
        while (n >= a[i]) {
            n = n - a[i];
            sum++;
        }
        i++;
    }
    printf("%d\n", sum);
    return 0;
}
```

【例 6-7】排队取水。

【题目描述】

有 n 个人排队到 m 个水龙头去取水，他们装满水桶的时间为 t1、t2、…、tn，时间为整数且各不相同，应如何安排他们的取水顺序才能使他们花费的总时间最少呢（花费时间=等待时间+取水时间）？

【输入格式】

2 行，第 1 行为人数 n 和水龙头 m，使用空格分隔。

第 2 行为 n 个人的取水时间，使用空格分隔。

$0 \leqslant n,m \leqslant 1000$。

【输出格式】

1 行，花费时间总和。

【输入样例】

4 2

2 6 4 5

【输出样例】

23

【算法分析】

n 个人，分为 m 组。排队时，越靠前面的计算次数越多，因此，越小取水时间（排在前面）得出的花费时间总和就越小。所以，按以下步骤使用贪心策略解决问题。

（1）将所有取水时间按从小到大排序。

（2）将排序后的时间按顺序依次放入每个取水的队列中。

（3）统计总花费时间。

【排队取水，beta1】

```cpp
#include <bits/stdc++.h>
using namespace std;
int n = 4, m = 2;
int a[4] = { 2, 6, 4, 5 }; //每个人所花费的时间
int b[4];
void printa() {
    int i;
    for (i = 0; i < n; i++) {
        printf("%d", a[i]);
    }
    printf("\r\n");
}
void printb() {
    int i;
    for (i = 0; i < n; i++) {
        printf("%d", b[i]);
    }
    printf("\r\n");
}
int main() {
    int i, j, temp, sum = 0;
    //排序
    for (i = 0; i < n - 1; i++) {
        for (j = 0; j < n - 1 - i; j++) {
            if (a[j] > a[j + 1]) {
                temp = a[j + 1];
                a[j + 1] = a[j];
                a[j] = temp;
            }
        }
    }
    //显示排序后的 a 和 b
    printa();
    printb();
    //r 个人一组
    for (i = 0; i < m; i++) {
        b[i] = a[i];
    }
    printb();
    //每个人所花费的时间=前面人所用的时间+自己所用的时间
    for (i = m; i < n; i++) {
        b[i] = b[i - m] + a[i];
    }
    printb();
```

```
//每个人所用时间之和
for (i = 0; i < n; i++) {
    sum += b[i];
}
printf("%d\n", sum);
return 0;
}
```

【排队取水，beta2，AC 代码】

```
#include <bits/stdc++.h>
using namespace std;
int main() {
    int n, r, i, j, temp, sum = 0;
    int a[1000], b[1000];
    scanf("%d %d", &n, &r);    //n 表示人数, r 表示水龙头数
    //输入每个人所花费的时间
    for (i = 0; i < n; i++) {
        scanf("%d", &a[i]);
    }
    for (i = 0; i < n - 1; i++) {
        for (j = 0; j < n - 1 - i; j++) {
            if (a[j] > a[j + 1]) {
                temp = a[j + 1];
                a[j + 1] = a[j];
                a[j] = temp;
            }
        }
    }
    for (i = 0; i < n; i++) {
        printf("%d", a[i]);
    }
    printf("\r\n");
    //r 个人一组
    for (i = 0; i < r; i++) {
        b[i] = a[i];
    }
    //每个人所花费的时间=前面人所用的时间+自己所用的时间
    for (i = r; i < n; i++) {
        b[i] = b[i - r] + a[i];
    }
    //每个人所用时间之和
    for (i = 0; i < n; i++) {
        sum += b[i];
    }
    printf("%d\n", sum);
    return 0;
}
```

【例 6-8】均分纸牌。

【题目描述】

有 n 堆纸牌，编号分别为 1、2、…、n。每堆上有若干张纸牌，但纸牌总数必为 n 的倍数。可以在任意一堆上取若干张纸牌，然后移动。

移牌规则为，在编号为 1 的堆上取的纸牌，只能移到编号为 2 的堆上；在编号为 n 的堆上取的纸牌，只能移到编号为 n-1 的堆上；其他堆上取的纸牌，可以移到相邻左侧或右侧的堆上。

现在要求找出一种移动方法，使用最少的移动次数使每堆上的纸牌数都一样多。

例如，n=4，4 堆纸牌数分别为①9、②8、③17、④6。

移动 3 次可达到目的：从编号为③的堆上取 4 张牌放到编号为④的堆上（9、8、13、10）；从编号为③的堆上取 3 张牌放到编号为②的堆上（9、11、10、10）；从编号为②的堆上取 1 张牌放到编号为①的堆上（10、10、10、10）。

【输入格式】

2 行，第 1 行为 n，n 堆纸牌，$1 \leq n \leq 100$。

第 2 行为 a_1、a_2、…、a_n（n 堆纸牌，每堆纸牌的初始数，$1 \leq a_i \leq 10000$）。

【输出格式】

所有堆均达到相等时的最少移动次数。

【输入样例】

```
4
9 8 17 6
```

【输出样例】

```
3
```

【算法分析】

如果把每堆牌的张数减去平均张数，题目就变成移动正数加到负数中，使大家都变成 0，那就意味着成功了一半！

例题中平均张数为 10，原张数 9、8、17、6 变为-1、-2、7、-4，其中没有为 0 的数。从左侧出发，要使第 1 堆的牌数-1 变为 0，只需将-1 张牌移到它的右边（第 2 堆）-2 中；结果是-1 变为 0，-2 变为-3，各堆牌张数变为 0、-3、7、-4。同理，要使第 2 堆变为 0，只需将-3 移到它的右边（第 3 堆）中，各堆牌张数变为 0、0、4、-4。要使第 3 堆变为 0，只需将第 3 堆中的 4 移到它的右边（第 4 堆）-4 中，结果为 0、0、0、0，此时即可完成任务。每移动 1 次牌，步数加 1。

▷ **注意**

负数张牌的移动，从第 i 堆移动 m 张牌到第 i+1 堆，等价于从第 i+1 堆移动 m 张牌到第 i 堆，步数是一样的。

如果张数中本来就有为 0 的，怎么办呢？例如，0、-1、-5、6，还是从左算起（从右算起也完全一样），第 1 堆是 0，无须移牌。

如果出现-1、-2、3、10、-4、-6，从左算起，第 1 次移动的结果为 0、-3、3、10、-4、-6；第 2 次移动的结果为 0、0、0、10、-4、-6，现在第 3 堆已经变为 0 了，可节省 1 步。

【均分纸牌，beta1】

```cpp
#include <bits/stdc++.h>
using namespace std;
int n = 4;
int a[4] = { 9, 8, 17, 6 };
void printa() {
    int i;
    for (i = 0; i < n; i++) {
```

```
            printf("%d", a[i]);
        }
        printf("\r\n");
}
int main() {
    int ave = 0, step = 0;
    int i, j;
    for (i = 0; i < n; i++) {
        ave += a[i];
    }
    ave /= n;
    for (i = 0; i < n; i++) {
        a[i] -= ave;
    }
    i = 1;
    j = n;
    while (a[i] == 0 && i < n) {
        i++;
    }
    while (a[j] == 0 && j > 1) {
        j--;
    }
    while (i < j) {
        a[i + 1] += a[i];
        a[i] = 0;
        step++;
        i++;
        while (a[i] == 0 && i < j) {
            i++;
        }
    }
    printf("%d", step);
    return 0;
}
```

【均分纸牌，beta2，AC 代码】

```
#include <bits/stdc++.h>
using namespace std;
int main() {
    int n = 4;
    int a[1000];
    int ave = 0, step = 0;
    int i, j;
    scanf("%d", &n);    //n 堆纸牌
    //每堆纸牌的初始数
    for (i = 0; i < n; i++) {
        scanf("%d", &a[i]);
    }
    for (i = 0; i < n; i++) {
        ave += a[i];
    }
    ave /= n;
    for (i = 0; i < n; i++) {
        a[i] -= ave;
    }
    i = 1;
    j = n;
    while (a[i] == 0 && i < n) {
        i++;
    }
```

```
    while (a[j] == 0 && j > 1) {
        j--;
    }
    while (i < j) {
        a[i + 1] += a[i];
        a[i] = 0;
        step++;
        i++;
        while (a[i] == 0 && i < j) {
            i++;
        }
    }
    printf("%d", step);
    return 0;
}
```

6.3.2 动态规划

在现实生活中，有一类活动，其过程可分成若干个互相联系的阶段，在每一阶段都需要作出最优化决策，从而使整个过程达到最优化。

各阶段决策的选取不是任意确定的，依赖于当前面临的状态，又会影响以后的发展。当各阶段的决策确定后，就组成了一个决策序列，同时也就确定了整个过程的一条活动路线。

这种把一个问题看作是一个前后关联且具有链状结构的多阶段过程称为多阶段决策过程，这种问题就为多阶段决策问题。

【例 6-9】三角形最优化路径。

【题目描述】

如图 6-8 所示的三角形路径，编程查找从最高点到底部任意处结束的路径，使路径经过的数字之和最大。

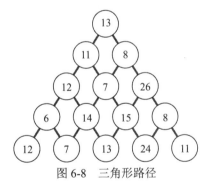

图 6-8　三角形路径

从最高点到达底部，每一步都有两种选择，可以到达左下角或右下角的点。

【输入格式】

第 1 行 n（1≤n≤1000），表示数字三角形的行数。

后面每行是三角形中的整数（1≤整数≤100）。

【输出格式】

1 行，数字，找到的路径数字最大和。

【输入样例】
```
5
13
11 8
12 7 26
6 14 15 8
12 7 13 24 11
```

【输出样例】

```
86
```

【算法分析】

题目要求找到从最高点到底部任意处的最大路径。但是在解决问题时，应当逆向思维，从最底层开始推导，如图 6-9 所示。设有一个结构和三角形 a 完全相同的三角形 b，用于描述第 5 排（最后一排）到底部的最大路径。由于第 5 排到底部只需要经过第 5 排，所以，各位置到底部的最大路径就是元素内部的数字。

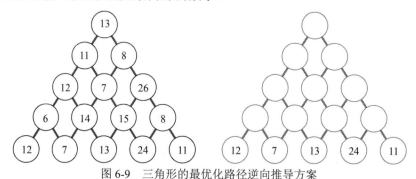

图 6-9 三角形的最优化路径逆向推导方案

三角形 b 的第 4 排（倒数第 2 排）最左端元素到底部的最大路径 b_{41}，等于三角形 a_{41} 和 b_{51}、b_{52} 中的较大者相加之和，表示为 $b_{41}=a_{41}+\max(b_{51}, b_{52})$。

其他三角形元素内的值与此类似，最终结果如图 6-10 所示，三角形 b 中各元素的数字就是这个位置到达底部的最大路径。最高点位置的数字 86 就是从最高点到最底部可以获得的最大数字。从最高点 86 开始，向下寻找，每次找下方的较大值，就可以得到最大路径，如图 6-11 所示。

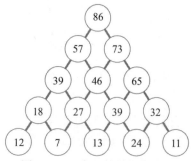

图 6-10 三角形的最优化路径

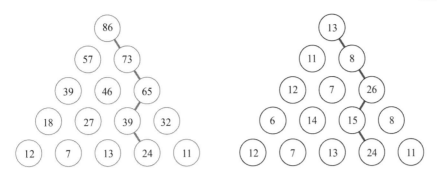

图 6-11　三角形的最优化路径解

本题如果使用贪心策略解决，从顶向下，每一步都选择下方较大的数字，产生的路径如图 6-12 所示。

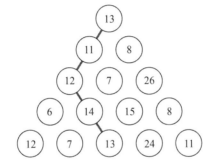

图 6-12　贪心策略下的三角形的最优化路径解

贪心策略得到的最大路径为 63，比整体最优化解 86 小。这就是贪心策略的弊端，不能从全局考虑给出最优化决策。

【三角形最优化路径，beta1】

```
#include <bits/stdc++.h>
using namespace std;
int main() {
    int n, i, j, k;
    scanf("%d ", &n);    //三角形的行数
    int a[n][n], b[n][n];
    printf("n=%d\r\n", n);
    for (i = 0; i < n; i++) {
        for (k = 0; k < n - i; k++) {
            printf(" ");
        }
        for (j = 0; j <= i; j++) {
            scanf("%d ", &a[i][j]);
            printf("%d ", a[i][j]);
        }
        printf("\r\n");
    }
    //复制 a 的最后一行到 b
    for (j = 0; j < n; j++) {
        b[n - 1][j] = a[n - 1][j];
    }
    for (i = n - 2; i >= 0; i--) {
```

```
        for (j = 0; j <= i; j++) {
            if (b[i + 1][j] < b[i + 1][j + 1]) {
                b[i][j] = a[i][j] + b[i + 1][j + 1];
            } else {
                b[i][j] = a[i][j] + b[i + 1][j];
            }
        }
        printf("\r\n");
    }
    //打印b,检查b数组
    for (i = 0; i < n; i++) {
        for (k = 0; k < n - i; k++) {
            printf("  ");
        }
        for (j = 0; j <= i; j++) {
            printf("%3d ", b[i][j]);
        }
        printf("\r\n");
    }
    return 0;
}
```

【三角形最优化路径，beta2，AC 代码，两个数组】

```
#include <bits/stdc++.h>
using namespace std;
int main() {
    int n, i, j, k;
    scanf("%d ", &n);    //三角形的行数
    int a[n][n], b[n][n];
    for (i = 0; i < n; i++) {
        for (j = 0; j <= i; j++) {
            scanf("%d ", &a[i][j]);
        }
    }
    //复制 a 的最后一行到b
    for (j = 0; j < n; j++) {
        b[n - 1][j] = a[n - 1][j];
    }
    for (i = n - 2; i >= 0; i--) {
        for (j = 0; j <= i; j++) {
            if (b[i + 1][j] < b[i + 1][j + 1]) {
                b[i][j] = a[i][j] + b[i + 1][j + 1];
            } else {
                b[i][j] = a[i][j] + b[i + 1][j];
            }
        }
    }
    printf("%d ", b[0][0]);
    return 0;
}
```

【三角形最优化路径，beta3，一个数组】

```
#include <bits/stdc++.h>
using namespace std;
int main() {
    int n, i, j, k;
    scanf("%d ", &n);    //三角形的行数
    int a[n][n];
    for (i = 0; i < n; i++) {
```

```
        for (j = 0; j <= i; j++) {
            scanf("%d ", &a[i][j]);
        }
    }
    for (i = n - 2; i >= 0; i--) {
        for (j = 0; j <= i; j++) {
            if (a[i + 1][j] < a[i + 1][j + 1]) {
                a[i][j] = a[i][j] + a[i + 1][j + 1];
            } else {
                a[i][j] = a[i][j] + a[i + 1][j];
            }
        }
    }
    printf("%d ", a[0][0]);
    return 0;
}
```

【例 6-10】最长非降子序列。

【题目描述】

有 n 个各不相同的整数组成的数列 a，记为 a(1),a(2),a(3),…,a(n)，若存在 i1<i2<i3<…< ie（1≤i≤n）且有 a(i1)≤a(i2)≤…≤a(ie)，则称 a(i1),a(i2),…,a(ie) 为长度为 e 的非降子序列。

例如，3,18,7,14,10,12,23,41,16,24。

3,18,23,24 是一个长度为 4 的非降子序列，

3,7,10,12,16,24 是一个长度为 6 的非降子序列。

【输入格式】

2 行，第 1 行，数列的元素个数。

第 2 行，数列，使用空格分隔的整数。

【输出格式】

1 行，最长非降子序列，使用空格分隔。

【输入样例】

```
14
13 7 9 16 38 24 37 18 44 19 21 22 63 15
```

【输出样例】

```
7 9 16 18 19 21 22 63
```

【算法分析】

使用动态规划原理解决问题。

序列 a 如下所示，增加一个序列 b，结构和序列 a 的结构相同。在序列 b 中记录以对应的序列 a 中数字向右侧可以构成的最长非降子序列的长度。

a	13	7	9	16	38	24	37	18	44	19	21	22	63	15
b														

从最右端开始考虑，序列 a 中的第 14 位数字 15 可以构成一个长度为 1 的非降子序列，在序列 b 的对应位置记录 1。

a	13	7	9	16	38	24	37	18	44	19	21	22	63	15
b														1

序列 a 中的第 13 位数字 63，如果以 63 位构成非降子序列，要求 63 之后存在一个数字大于 63。由于 63 右侧没有数字大于 63，所以当前位置右侧的最长非降子序列的长度为 1。

a	13	7	9	16	38	24	37	18	44	19	21	22	63	15
b													1	1

序列 a 中的第 12 位数字 22，在其右侧寻找比 22 大的数字，只有 63，以 63 作为当前数字的后续。所以当前位置右侧的最长非降子序列的长度为 2。

a	13	7	9	16	38	24	37	18	44	19	21	22	63	15
b												2	1	1

序列 a 中的第 11 位数字 21，在其右侧寻找比 21 大的数字，有两个数字符合条件：22 和 63。选择对应序列 b 中值较大的 22，作为当前数字的后续。所以当前位置右侧的最长非降子序列的长度为 3。

a	13	7	9	16	38	24	37	18	44	19	21	22	63	15
b											3	2	1	1

序列 a 中的第 10 位数字 19，在其右侧寻找比 19 大的数字，有 3 个数字符合条件：21、22 和 63。选择对应序列 b 中值较大的 21，作为当前数字的后续。所以当前位置右侧的最长非降子序列的长度为 4。

a	13	7	9	16	38	24	37	18	44	19	21	22	63	15
b										4	3	2	1	1

序列 a 中的第 9 位数字 44，在其右侧寻找比 44 大的数字，有 1 个数字符合条件：63。选择 63 作为当前数字 44 的后续。所以当前位置右侧的最长非降子序列的长度为 2。

a	13	7	9	16	38	24	37	18	44	19	21	22	63	15
b									2	4	3	2	1	1

序列 a 中的第 8 位数字 18，在其右侧寻找比 18 大的数字，有 5 个数字符合条件：44、19、21、22 和 63。选择对应序列 b 中值较大的 19，作为当前数字的后续。所以当前位置右侧的最长非降子序列的长度为 5。

a	13	7	9	16	38	24	37	18	44	19	21	22	63	15
b								5	2	4	3	2	1	1

序列 a 中的第 7 位数字 37，在其右侧寻找比 37 大的数字，有 2 个数字符合条件：44 和 63。选择对应序列 b 中值较大的 44，作为当前数字的后续。所以当前位置右侧的最长非降子序列的长度为 3。

a	13	7	9	16	38	24	37	18	44	19	21	22	63	15
b							3	5	2	4	3	2	1	1

序列 a 中的第 6 位数字 24，在其右侧寻找比 24 大的数字，有 3 个数字符合条件：37、44 和 63，选择对应序列 b 中值较大的 37，作为当前数字的后续。所以当前位置右侧的最长非降子序列的长度为 4。

a	13	7	9	16	38	24	37	18	44	19	21	22	63	15
b						4	3	5	2	4	3	2	1	1

序列 a 中的第 5 位数字 38，在其右侧寻找比 38 大的数字，有 2 个数字符合条件：44 和 63。选择对应序列 b 中值较大的 44，作为当前数字的后续。所以当前位置右侧的最长非降子序列的长度为 3。

a	13	7	9	16	38	24	37	18	44	19	21	22	63	15
b					3	4	3	5	2	4	3	2	1	1

序列 a 中的第 4 位数字 16，在其右侧寻找比 16 大的数字，有 9 个数字符合条件。选择对应序列 b 中值较大的 18，作为当前数字的后续。所以当前位置右侧的最长非降子序列的长度为 6。

a	13	7	9	16	38	24	37	18	44	19	21	22	63	15
b				6	3	4	3	5	2	4	3	2	1	1

序列 a 中的第 3 位数字 9，在其右侧寻找比 9 大的数字，有 11 个数字符合条件。选择对应序列 b 中值较大的 16，作为当前数字的后续。所以当前位置右侧的最长非降子序列的长度为 7。

a	13	7	9	16	38	24	37	18	44	19	21	22	63	15
b			7	6	3	4	3	5	2	4	3	2	1	1

序列 a 中的第 2 位数字 7，在其右侧寻找比 7 大的数字，有 12 个数字符合条件，选择对应序列 b 中值较大的 9，作为当前数字的后续。所以当前位置右侧的最长非降子序列的长度为 8。

a	13	7	9	16	38	24	37	18	44	19	21	22	63	15
b		8	7	6	3	4	3	5	2	4	3	2	1	1

序列 a 中的第 1 位数字 13，在其右侧寻找比 13 大的数字，有 11 个数字符合条件，选择对应序列 b 中值较大的 16，作为当前数字的后续。所以当前位置右侧的最长非降子序列的长度为 7。

a	13	7	9	16	38	24	37	18	44	19	21	22	63	15
b	7	8	7	6	3	4	3	5	2	4	3	2	1	1

最后，输出最长非降子序列。

在数字序列 b 中，从左侧开始找最大值，最大值为 8，对应数字 7。

依次向右侧寻找可以找到如下最长非降子序列。

a		7	9	16				18		19	21	22	63	
b		8	7	6				5		4	3	2	1	

【最长非降子序列，beta1】

```cpp
#include <bits/stdc++.h>
using namespace std;
int main() {
    int n, i, j;
    int max, len;
    scanf("%d", &n);
    printf("n=%d\r\n", n);
    int a[n];
    int b[n];
    for (i = 0; i < n; i++) {
        scanf("%d", &a[i]);
    }
    b[n - 1] = 1;
    len = 1; //记录最大非降子序列
    for (i = n - 2; i >= 0; i--) {
        max = 0;
        for (j = i + 1; j <= n - 1; j++) {
            if (a[i] <= a[j] && b[j] > max) {
                max = b[j];
            }
        }
        b[i] = max + 1;
        if (b[i] > len) {
            len = b[i];
        }
    }
    for (i = 0; i <= n - 1; i++) {
        printf("%3d ", a[i]);
    }
    printf("\n");
    for (i = 0; i <= n - 1; i++) {
        printf("%3d ", b[i]);
    }
    printf("\n最长序列=%3d \n", len);
    j = len;
    for (i = 0; i <= n - 1; i++) {
        if (b[i] == j) {
            printf("%3d ", a[i]);
            j--;
        }
    }
    return 0;
}
```

【最长非降子序列，beta2，AC 代码】

```cpp
#include <bits/stdc++.h>
using namespace std;
int main() {
    int n, i, j;
    int max, len;
    scanf("%d", &n);
    int a[n];
    int b[n];
    for (i = 0; i < n; i++) {
        scanf("%d", &a[i]);
```

```
        }
        b[n - 1] = 1;
        len = 1; //记录最大非降子序列
        for (i = n - 2; i >= 0; i--) {
            max = 0;
            for (j = i + 1; j <= n - 1; j++) {
                if (a[i] <= a[j] && b[j] > max) {
                    max = b[j];
                }
            }
            b[i] = max + 1;
            if (b[i] > len) {
                len = b[i];
            }
        }
        j = len;
        for (i = 0; i <= n - 1; i++) {
            if (b[i] == j) {
                printf("%d ", a[i]);
                j--;
            }
        }
        return 0;
    }
```

【例 6-11】挖金砖。

【题目描述】

地图上有 n 个地窖（n≤200），每个地窖中都放了若干个金砖，部分地窖之间有通道连接，通道结构不稳定，只能单向通过，并且经过后就会坍塌。

探险家胡八一已经探明每个地窖中金砖的数量，掌握了哪些地窖之间有通道相连。胡八一只有一次进入地窖的机会，他可以选择从任意一个地窖进入，所以他需要规划一条路径，使最终带出的金砖数量最大。

【输入格式】

第 1 行，1 个整数 n，表示地窖总数量，n≤200。

第 2 行是使用空格分隔的 n 个整数 w（w_1、w_2、…、w_n），表示每个地窖中的金砖数量。

第 3 行开始，每行两个整数 X 和 Y，表示从地窖 X，存在一条通道到地窖 Y，直到最后 1 行"0 0"结束。

【输出格式】

1 行，能够带出的最大金砖数量。

【输入样例】

```
6
5 10 20 5 4 5
1 2
1 4
2 4
3 4
4 5
4 6
5 6
0 0
```

【输出样例】

【算法分析】

这是一个经典的动态规划问题，设 w[i]是第 i 个地窖中的金砖数量（表 6-1），a[i][j]表示第 i 个地窖与第 j 个地窖之间是否有通道。f[i]为从第 i 个地窖开始最多可以带出的金砖数量。

按题意分析，输入样例，绘制地图，如图 6-13 所示。

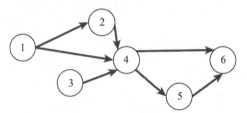

图 6-13　挖金砖样例的地窖连通图

表 6-1　地窖中的金砖数量

i	1	2	3	4	5	6
w[i]	5	10	20	5	4	5

如表 6-2 所示，a[i][j]表示第 i 个地窖与第 j 个地窖之间是否有通道，标记为 1 的方格表示有通道。a[1][2]=1，表示第 1 个地窖与第 2 个地窖之间有通道。

表 6-2　地窖之间的通道分布

j	i					
	1	2	3	4	5	6
1		1		1		
2				1		
3				1		
4					1	1
5						1
6						

明显有 f[6]=w[6]，如果只进入 6 号地窖，可以带出 w[6]=5 块金砖。

i	1	2	3	4	5	6
w[i]	5	10	20	5	4	5
f[i]						5

对于 f[5]，从 5 号地窖开始，a[5][6]==true，表明只有 5 号地窖有单向通道，可以到达 6 号地窖。所以可以带出的金砖为

$$f[5]=w[5]+f[6]=4+5=9$$

i	1	2	3	4	5	6
w[i]	5	10	20	5	4	5
f[i]					9	5

对于 f[4]，从 4 号地窖开始，a[4][5] 和 a[4][6]都等于 true，表明 4 号地窖有两条单向通道，可以分别到达 5 号和 6 号地窖，但是两条路径带出的金砖不一样。

$$f[4]=w[4]+f[5]=5+9=14$$
$$f[4]=w[4]+f[6]=5+5=10$$

为了达到最大数量，此时应当选择 4 号→5 号→6 号。

i	1	2	3	4	5	6
w[i]	5	10	20	5	4	5
f[i]				14	9	5

对于 f[3]，从 3 号地窖开始，a[3][4]等于 true，表明 3 号地窖有单向通道，可以到达 4 号地窖。只有一种情况：

$$f[3]=w[3]+f[4]=20+14=34$$

i	1	2	3	4	5	6
w[i]	5	10	20	5	4	5
f[i]			34	14	9	5

对于 f[2]，从 2 号地窖开始，a[2][4]等于 true，表明 2 号地窖有单向通道，可以到达 4 号地窖。只有一种情况：

$$f[2]=w[2]+f[4]=10+14=24$$

i	1	2	3	4	5	6
w[i]	5	10	20	5	4	5
f[i]		24	34	14	9	5

对于 f[1]，从 1 号地窖开始，a[1][2] 和 a[1][4]等于 true，表明 1 号地窖有单向通道，可以到达 2 号地窖和 4 号地窖。

$$f[1]=w[1]+f[2]=5+24=29$$
$$f[1]=w[1]+f[4]=5+14=19$$

选择较大的 29。

i	1	2	3	4	5	6
w[i]	5	10	20	5	4	5
f[i]	29	24	34	14	9	5

f[i]列出的就是各地窖出发点，能带出的最大金砖数量。最大值出现在 f[3]，最大值为 34。

【挖金砖，beta1】

```
#include <bits/stdc++.h>
#define MAXN 200
using namespace std;
```

```cpp
bool a[MAXN][MAXN]; //a[i][j]表示第 i 个地窖和第 j 个地窖之间是否有通道
int w[MAXN];
int f[MAXN]; //f[i]表示从第 i 个地窖开始挖的金砖数最多
int path[MAXN]; //经过的点
int main() {
    long n, i, j, x, y, q, k, maxMine;
    memset(a, false, sizeof(a));
    memset(w, 0, sizeof(w));
    memset(f, 0, sizeof(f));
    cin >> n;
    for (i = 1; i <= n; i++) {
        cin >> w[i];
    }
    while (cin >> x >> y) {
        if (x == 0 && y == 0) {
            break;
        }
        a[x][y] = true;
    }
    f[n] = w[n]; //初始状态
    for (i = n - 1; i >= 1; i--) {
        q = 0, k = 0;
        for (j = i + 1; j <= n; j++) {
            //在已经连通的节点中找最大值
            if ((a[i][j]) && f[j] > q) {
                q = f[j];
                k = j;
            }
        }
        //最大值 q 加上当前节点的值,就是当前节点能获取的最大值
        f[i] = w[i] + q;
        path[i] = k; //经过的点
    }
    for (i = 1; i <= n; i++) {
        cout << f[i] << "-";
    }
    cout << endl;
    for (i = 1; i <= n; i++) {
        cout << path[i] << "-";
    }
    cout << endl;
    //找出最大值出现的位置
    j = 1;
    for (i = 1; i <= n; i++) { //从 n 个数中找最大值
        if (f[i] > f[j]) {
            j = i;
        }
    }
    maxMine = f[j];
    cout << j; //先输出起始点
    j = path[j];
    while (j != 0) { //向后的链表
        cout << "-" << j;
        j = path[j];
    }
    cout << endl;
    cout << maxMine << endl;
    return 0;
}
```

【例 6-12】运货（01 背包问题）。

【题目描述】

卡车司机在两个城市之间运货，卡车的最大载重为 m 千克。托运中心现有 n 件物品可以运送，每件物品的质量记为 w_i（w_1、w_2、…、w_n），运费记为 c_i（c_1、c_2、…、c_n）。

编程求出卡车司机能获取到的最大运费。

【输入格式】

第 1 行，2 个整数：m 表示卡车的最大载重，n 表示待运送物品的数量。

第 2 行至 n+1 行：每行 2 个整数，即 w_i 和 c_i，表示第 i 件物品的质量和运费。

【输出格式】

1 行，能获得的运费最大值。

【输入样例】

```
11 7
2 1
3 8
5 9
6 6
4 7
7 5
5 6
```

【输出样例】

```
18
```

【算法分析】

背包问题的特点：每件物品只有两种选择：true 或 false。

定义问题的表示：f(i, j) 表示前 i 件物品，质量不超过 j 时可以获取的最大运费。

将问题化解为子问题：

$$f(i, j)=\max\{f(i-1, j), f(i-1, j-w_i)+c_i\}$$

如果不放第 i 将物品，最大运费就是 f(i-1, j)。

如果放第 i 将物品，在保证不超过最大载重的情况下，(i-1) 件物品的质量不超过 (j-w_i) 时的最大运费，再加上当前物品的运费 c_i。

以最大载重为横坐标，以物品数量为纵坐标，建立如表 6-3 所示的表格。

表 6-3　01 背包问题求解最大载重

质量	运费	最大载重										
		1	2	3	4	5	6	7	8	9	10	11
2	1											
3	8											
5	9											
6	6											
4	7											
7	5											
5	6											

〖第 1 件物品〗质量为 2，运费为 1。

当最大载重≥2 时，可以放入卡车，运费为 1。

质量	运费	最大载重										
		1	2	3	4	5	6	7	8	9	10	11
2	1	0	1	1	1	1	1	1	1	1	1	1

〖第 2 件物品〗质量为 3，运费为 8

最大载重=1 时，运费=0，放不下任何物品。

最大载重=2 时，运费=1，可以放第 1 件物品。

最大载重=3 时，如果放第 1 件物品，运费=1，不能再放其他物品；如果放第 2 件物品，运费=8，不能再放其他物品。

由前面公式可得

$$f(2,3) = \max\{f(1,3), f(1,0) + 8\}$$

因为 $f(1,3) = 1$、$f(1,0) = 0$，所以 $f(2,3) = \max\{1,8\} = 8$。

大载重=4 时，由前面公式可得

$$f(2,4) = \max\{f(1,4), f(1,1) + 8\}$$

因为 $f(1,4) = 1$、$f(1,1) = 0$，所以 $f(2,4) = \max\{1,8\} = 8$。

最大载重=5 时，由前面公式可得

$$f(2,5) = \max\{f(1,5), f(1,2) + 8\}$$

因为 $f(1,5) = 1$、$f(1,2) = 1$，所以 $f(2,5) = \max\{1,9\} = 9$。

最大载重>5 时，和最大载重=5 类似，这里不再赘述。

质量	运费	最大载重										
		1	2	3	4	5	6	7	8	9	10	11
2	1	0	1	1	1	1	1	1	1	1	1	1
3	8	0	1	8	8	9	9	9	9	9	9	9

〖第 3 件物品〗质量为 5，运费为 9。

最大载重为 1~4 时，小于第 3 件物品的质量 5，运费和第 2 件物品一致。

质量	运费	最大载重										
		1	2	3	4	5	6	7	8	9	10	11
2	1	0	1	1	1	1	1	1	1	1	1	1
3	8	0	1	8	8	9	9	9	9	9	9	9
5	9	**0**	**1**	**8**	**8**							

最大载重为 5~6 时，可以放第 3 件物品，运费=9，也可以放第 1 件物品和第 2 件物品，运费=1+8=9。

$$f(3,5) = \max\{f(2,5), f(2,0) + 9\}$$

$f(2,5) = 9$，$f(2,0) + 9 = 9$，两者的结果一样。

质量	运费	最大载重										
		1		1		1		1		1	
2	1	0	1	1	1	1	1	1	1	1	1	1
3	8	0	1	8	8	9	9	9	9	9	9	9
5	9	0	1	8	8	**9**	**9**	10	17	17	18	18

最大载重=7 时，可以放第 1 件物品和第 3 件物品，运费=10。

$$f(3,7) = \max\{f(2,7), f(2,2) + 9\}$$

$f(2,7) = 9, f(2,2) + 9 = 1 + 9 = 10$，最大值为 10。

质量	运费	最大载重									
		1	2	3	4	5	6	7	8	9	10	11
2	1	0	1	1	1	1	1	1	1	1	1	1
3	8	0	1	8	8	9	9	9	9	9	9	9
5	9	0	1	8	8	9	9	**10**	**17**	**17**	**18**	**18**

最大载重=8 时，可以放第 1 件物品和第 3 件物品，运费=10。

$$f(3,8) = \max\{f(2,8), f(2,3) + 9\}$$

$f(2,8) = 9$，$f(2,3) + 9 = 8 + 9 = 17$，最大值为 17。

$$f(3,9) = \max\{f(2,9), f(2,4) + 9\} = \max\{9, 8 + 9\} = 17$$

$$f(3,10) = \max\{f(2,10), f(2,5) + 9\} = \max\{9, 9 + 9\} = 18$$

$$f(3,11) = \max\{f(2,11), f(2,6) + 9\} = \max\{9, 9 + 9\} = 18$$

其他物品加入后，如下，可以发现：最大运费为 18。

质量	运费	最大载重									
		1	2	3	4	5	6	7	8	9	10	11
2	1	0	1	1	1	1	1	1	1	1	1	1
3	8	0	1	8	8	9	9	9	9	9	9	9
5	9	0	1	8	8	9	9	10	17	17	18	18
6	**6**	**0**	**1**	**8**	**8**	**9**	**9**	**10**	**17**	**17**	**18**	**18**
4	**7**	**0**	**1**	**8**	**8**	**9**	**9**	**15**	**17**	**17**	**18**	**18**
7	**5**	**0**	**1**	**8**	**8**	**9**	**9**	**15**	**17**	**17**	**18**	**18**
5	**6**	**0**	**1**	**8**	**8**	**9**	**9**	**15**	**17**	**17**	**18**	**18**

【运货（01 背包问题），beta1】

```cpp
#include <bits/stdc++.h>
using namespace std;
int max(int x, int y) {
    int rtv = x;
    if (x < y) {
        rtv = y;
    }
    return rtv;
}
```

```cpp
int main() {
    int m, n; //m 表示背包容量,n 表示物品数量
    int i, j, num = 0;
    freopen("01KnapsackProblem4.in", "r", stdin);
    //freopen("01KnapsackProblem.out", "w", stdout);
    scanf("%d %d", &m, &n);
    int w[n + 1], c[n + 1]; //w 为质量,c 为价值
    int f[n + 1][m + 1]; //从前 i 件物品恰好放入容量为 j 的背包
    printf("m=%d,n=%d\r\n", m, n);
    //初始化二维数组
    for (i = 0; i <= n; i++) {
        for (j = 0; j <= m; j++) {
            f[i][j] = 0;
        }
    }
    //读取每个物品的质量和运费
    for (i = 1; i <= n; i++) {
        scanf("%d %d", &w[i], &c[i]);
    }
    //按动态规划原理求解
    for (i = 1; i <= n; i++) {
        for (j = 1; j <= m; j++) {
            printf("num=%d\ti=%d,j=%d  \tw[%d]=%d\t", ++num, i, j, i, w[i]);
            if (w[i] <= j) {
                f[i][j] = max(f[i - 1][j], f[i - 1][j - w[i]] + c[i]); //情况 2
                printf("  <=   f[%d][%d]=%d", i, j, f[i][j]);
                printf("  f[%d][%d]=%d", i - 1, j, f[i - 1][j]);
                printf("  f[%d][%d]=%d", i - 1, j - w[i], f[i - 1][j - w[i]]);
                printf(" + c[%d]=%d", i, c[i]);
            } else {
                f[i][j] = f[i - 1][j]; //状态转移,情况 1
                printf("  >    f[%d][%d]=%d", i, j, f[i][j]);
                printf("  f[%d][%d]=%d", i - 1, j, f[i - 1][j]);
            }
            printf("\r\n");
        }
    }
    //输出 1~最大载重的全序列,作为表头
    for (j = 1; j <= m; j++) {
        printf("%3d", j);
    }
    printf("\r\n\r\n");
    //输出二维数组
    for (i = 1; i <= n; i++) {
        for (j = 1; j <= m; j++) {
            printf("%3d", f[i][j]);
        }
        printf("\r\n");
    }
    //输出计算结果
    printf("最大价值：%d\n", f[n][m]);
    return 0;
}
```

【运货（01 背包问题），beta2】

```cpp
#include <bits/stdc++.h>
using namespace std;
int max(int x, int y) {
    int rtv = x;
    if (x < y) {
```

```
        rtv = y;
    }
    return rtv;
}
int main() {
    int m, n; //m表示背包容量,n表示物品数量
    int i, j, num = 0;
    freopen("01KnapsackProblem.in", "r", stdin);
    freopen("01KnapsackProblem.out", "w", stdout);
    scanf("%d %d", &m, &n);
    int w[n + 1], c[n + 1]; //w为质量,c为价值
    int f[n + 1][m + 1]; //从前i件物品恰好放入容量为j的背包
    for (i = 0; i <= n; i++) {
        for (j = 0; j <= m; j++) {
            f[i][j] = 0;
        }
    }
    for (i = 1; i <= n; i++) {
        scanf("%d %d", &w[i], &c[i]);
    }
    for (i = 1; i <= n; i++) {
        for (j = 1; j <= m; j++) {
            if (w[i] <= j) {
                f[i][j] = max(f[i - 1][j], f[i - 1][j - w[i]] + c[i]); //情况2
            } else {
                f[i][j] = f[i - 1][j]; //状态转移,情况1
            }
        }
    }
    printf("%d", f[n][m]);
    return 0;
}
```

【例6-13】采药（01背包问题）。

【题目描述】

辰辰是个天资聪颖的孩子，他的梦想是成为世界上最伟大的医师。为此，他想拜附近最有威望的医师为师。医师为了判断他的资质，给他出了一个难题。医师把他带到一个到处都是草药的山洞里对他说："孩子，这个山洞里有一些不同的草药，采每一株都需要一些时间，每一株也有它自身的价值。我会给你一段时间，在这段时间里，你可以采到一些草药。如果你是一个聪明的孩子，你应该可以让采到的草药的总价值最大。"

如果你是辰辰，你能完成这个任务吗？

【输入格式】

第1行有2个整数T（1≤T≤1000）和M（1≤M≤100），使用一个空格分隔，T代表总共能够用来采药的时间，M代表山洞里的草药数目。

接下来的M行每行包括两个在1～100范围内（包括1和100）的整数，分别表示采摘某株草药的时间和这株草药的价值。

【输出格式】

1行，在规定的时间内可以采到的草药的最大总价值。

【输入样例】

```
70 3
71 100
```

```
69 1
1 2
```

【输出样例】

```
3
```

【说明/提示】

对于 30% 的数据，M≤10；对于全部的数据，M≤100。

【算法分析】

背包问题的特点：每件物品只有两种选择：true 或 false。

对于这个题目，转移方程 f(i, j) 表示前 i 种草药，总共能够用来采药的时间不超过 j 时，可以获取的最大草药价值，可以创建如表 6-4 所示的统计表。

表 6-4　采药问题中的统计表

采摘时间 w[i]	价值 v[i]	总共能够用来采药的时间 j							
		1	2	3	4	...	68	69	70
71	100	0	0	0	0	0	0	0	0
69	1	0	0	0	0	0	0	1	1
1	2	2	2	2	2	2	2	2	3

由于采摘时间 70，小于第 1 种草药的采摘时间，所以第 1 行都是 0。

第 2 行为前 2 种草药，当采摘时间≥69 时，能获取的最大价值为 1。

第 3 行为前 3 种草药，当采摘时间≥1 时，能获取的最大价值为 2；当采摘时间≥70 时，能获取的最大价值为 3。

由此，可以推导出转移方程 f(i, j)。

当 j≥w[i] 时，说明当前时间足够采摘第 i 种草药，比较采药和不采药之间的价值对比，取较大者。

$$f(i, j) = \max(f(i-1, j - w[i]) + v[i], f(i-1, j))$$

当 j<w[i] 时，说明当前时间不足以采摘第 i 种草药，当前的价值只能使用不考虑当前草药的前 i-1 种草药。

$$f(i, j) = f(i-1, j)$$

以 i=3、j=70 为例：

$$f(3, 70) = \max(f(2, 69) + 2, f(2, 70))$$

采摘时间 w[i]	价值 v[i]	总共能够用来采药的时间 j							
		1	2	3	4	...	68	69	70
71	100	0	0	0	0	0	0	0	0
69	1	0	0	0	0	0	0	**1**	**1**
1	**2**	2	2	2	2	2	2	2	**3**

由转移方程

$$f(3,70) = \max(f(2,69) + 2, f(2,70))$$

可以看出，第 3 行的信息由第 2 行推导而来；第 n 行的信息，由第 n-1 行推导而来。

本题如果需要优化，可以将最大价值对应的二维数组优化为一维数组。

如果采用二维数组，对于最大价值的计算，从左到右或从右到左都可以，但是，如果采用一维数组优化，就只能从右推到左。因为计算 f(3,70) 时，需要用到 f(2,69) 和 f(2,70)，如果从左推到右，将导致 f(2,69) 在使用之前就被 f(3,69) 覆盖。

【采药（01 背包问题），beta1】

```
#include <bits/stdc++.h>
using namespace std;
int main() {
    //f[i][j]表示前 i 种草药,在 j 时间内可以采到的最大值
    //w[i]第 i 种草药的采摘耗时
    //v[i]第 i 种草药的获取价值
    int T, M, f[1001], w[101], v[101];
    memset(f, 0, sizeof(f));
    freopen("1048.in", "r", stdin);
    cin >> T >> M;
    for (int i = 1; i <= M; i++) {
        cin >> w[i] >> v[i];
    }
    //show begin
    cout << "T=" << T << "\tM=" << M << endl;
    cout << "w[]\tv[]" << endl;
    for (int i = 1; i <= M; i++)
        cout << w[i] << "\t" << v[i] << endl;
    cout << endl;
    cout << "f:" << endl;
    for (int j = 1; j <= T; j++)
        printf("%d ", f[j]);
    cout << endl;
    //show end
    for (int i = 1; i <= M; i++) {      //各物品从 1 号物品开始
        //修改,2020 年 7 月 21 日 22:50:59
        //show begin
        cout << "i=" << i << "\tw[i]=" << w[i] << endl;
        //show end
        for (int j = T; j >= w[i]; j--) {            //时间
            //由于转移公式中,右侧的值需要用到左侧的值,如果从左到右,则导致覆盖错误
            //例如,f[69]=f[68]+2
            //在计算 f[69]之前,如果计算了 f[68],就不再是上一行的 f[68]了
            //如果从左到右,就需要使用二维数组,避免覆盖
            f[j] = max(f[j - w[i]] + v[i], f[j]);
            //show begin
            printf("j=%d\tf[%d]=f[%d]+%d\tf[%d]=%d", j, j, j - w[i], v[i], j,
                    f[j]);
            cout << "\tf:" << endl;
            for (int j = 1; j <= T; j++)
                printf("%d ", f[j]);
            cout << endl;
            //show end
        }
    }
    cout << f[T];
    return 0;
}
```

【采药（01 背包问题），beta2，AC 代码】

```cpp
#include <bits/stdc++.h>
using namespace std;
int main() {
    //f[i][j]表示前 i 种草药,在 j 时间内可以采到的最大值
    //w[i]第 i 种草药的采摘耗时
    //v[i]第 i 种草药的获取价值
    int T, M, f[101][1001], w[101], v[101];
    memset(f, 0, sizeof(f));
    cin >> T >> M;
    for (int i = 1; i <= M; i++) {
        cin >> w[i] >> v[i];
    }
    for (int i = 1; i <= M; i++) {      //各物品从 1 号物品开始
        for (int j = 1; j <= w[i]; j++) {
            f[i][j] = f[i - 1][j];
        }
        for (int j = w[i]; j <= T; j++) {      //时间
            //当前时间足够采摘第 i 种草药
            f[i][j] = max(f[i - 1][j - w[i]] + v[i], f[i - 1][j]);
        }
    }
    cout << f[M][T];
    return 0;
}
```

【思考练习】

习题 6-1：砍树

【题目描述】

伐木工人小王需要砍 M 米长的木材。对小王来说这是很简单的工作，因为他有一个漂亮的新伐木机。不过，小王只被允许砍伐一排树。

小王的伐木机的工作流程如下：小王设置一个高度参数 H（米），伐木机升起一个巨大的锯片到高度 H，并锯掉所有树比 H 高的部分（当然，树木不高于 H 米的部分保持不变）。小王就得到树木被锯下的部分。例如，如果一排树的高度分别为 20、15、10 和 17，小王把锯片升到 15 米的高度，切割后树木剩下的高度将是 15、15、10 和 15，而小王将从第 1 棵树得到 5 米，从第 4 棵树得到 2 米，共得到 7 米木材。

小王非常关注生态保护，所以他不会砍掉过多的木材。这也是他尽可能高地设定伐木机锯片的原因。请帮助小王找到伐木机锯片的最大的整数高度 H，使他能得到的木材至少为 M 米。换句话说，如果再升高 1 米，他将得不到 M 米木材。

【输入格式】

第 1 行 2 个整数 N 和 M，N 表示树木的数量，M 表示需要的木材总长度。

第 2 行 N 个整数，表示每棵树的高度。

【输出格式】

1 行，1 个整数，表示锯片的最高高度。

【输入样例 1】

```
4 7
20 15 10 17
```

【输出样例 1】

```
15
```

【输入样例 2】

```
5 20
4 42 40 26 46
```

【输出样例 2】

```
36
```

习题 6-2：迷宫

【题目描述】

给定一个 N×M 方格的迷宫，迷宫里有 T 处障碍，障碍处不可通过。给定起点坐标和终点坐标，问每个方格最多经过 1 次，有多少种从起点坐标到终点坐标的方案？在迷宫中移动的方式有上、下、左、右 4 种方式，每次只能移动一个方格。数据保证起点上没有障碍。

【输入格式】

第 1 行有 N、M 和 T 这 3 个整数，N 为行，M 为列，T 为障碍总数。

第 2 行为起点坐标 SX、SY 和终点坐标 FX、FY。

接下来 T 行，每行为障碍点的坐标。

【输出格式】

1 行，给定起点坐标和终点坐标，问每个方格最多经过 1 次，从起点坐标到终点坐标的方案总数。

【输入样例】

```
2 2 1
1 1 2 2
1 2
```

【输出样例】

```
1
```

【说明】

$1 \leqslant N, M \leqslant 5$。

习题 6-3：单词方阵

【题目描述】

给一 n×n 的字母方阵，其中可能蕴含多个"yizhong"单词。单词在方阵中是沿着同一方向连续摆放的。摆放可沿着 8 个方向(上、下、左、右、左上、左下、右上、右下)的任一方向，同一单词摆放时不再改变方向，单词与单词之间可以交叉，因此有可能共用字母。输出时，将不是单词的字母使用*号代替，以突出显示单词。例如：

输入：　　　　　　　　输出：

```
8
qyizhong              *yizhong
gydthkjy              gy******
nwidghji              n*i*****
orbzsfgz              o**z****
hhgrhwth              h***h***
zzzzzozo              z****o**
iwdfrgng              i*****n*
yyyygggg              y******g
```

【输入格式】

第 1 行输入一个数 n（7≤n≤100）。

第 2 行开始输入 n×n 的字母矩阵。

【输出格式】

突出显示单词的 n×n 矩阵。

【输入样例 1】

```
7
aaaaaaa
aaaaaaa
aaaaaaa
aaaaaaa
aaaaaaa
aaaaaaa
aaaaaaa
```

【输出样例 1】

```
*******
*******
*******
*******
*******
*******
*******
```

【输入样例 2】

```
8
qyizhong
gydthkjy
nwidghji
orbzsfgz
hhgrhwth
zzzzzozo
iwdfrgng
yyyygggg
```

【输出样例 2】

```
*yizhong
gy******
n*i*****
o**z****
h***h***
z****o**
i*****n*
y******g
```

习题 6-4：纪念品分组

【题目描述】

元旦快到了，校学生会让乐乐负责新年晚会的纪念品发放工作。为了使参加晚会的学生所获得的纪念品价值相对均衡，他要把采购的纪念品根据价格进行分组，但每组最多只能包括两件纪念品，并且每组纪念品的价格之和不能超过一个给定的整数。为了保证在尽量短的时间内发完所有纪念品，乐乐希望分组的数目最少。

你的任务是写一个程序，找出所有分组方案中分组数最少的一种，输出最少的分组数目。

【输入格式】

共 n+2 行。

第 1 行包括一个整数 w，为每组纪念品价格之和的上限。

第 2 行为一个整数 n，表示采购的纪念品的总件数 G。

第 3～n+2 行，每行包含一个正整数 Pi，表示所对应纪念品的价格。

【输出格式】

1 行，1 个整数，即最少的分组数目。

【输入样例 1】

```
100
9
90
20
20
30
50
60
70
80
90
```

【输出样例 1】

```
6
```

【说明】

50%的数据满足：$1 \leqslant n \leqslant 15$。

100%的数据满足：$1 \leqslant n \leqslant 3 \times 10^4$，$80 \leqslant w \leqslant 200$，$5 \leqslant Pi \leqslant w$。

习题 6-5：给定数组元素，判断是否可以构成特定值

【题目描述】

小明跟随爸爸妈妈到国外游玩，爸爸叮嘱小明，最近出现很多假币，由于小明无法分辨当地货币的真假，所以在外面购物时最好不要接受找零，否则很容易收到假币。

小明出门前，妈妈给了他 n 张纸币，有各种面额。小明在购物时决定只买自己身上纸币可以组成的价格的物品，如果出现找零就不买。由于商品在不同的商店，所以不能一次购买多个物品一起付款，只能一次购买一种物品的一件。

小明还没有决定购买哪个商品，所以还没有发生购买行为。

请你编程帮助小明判断他身上的纸币是否可以直接购买特定价格的物品。

【输入格式】

第 1 行，两个整数，n 和 m，使用空格分隔。n 表示纸币面额种类，m 表示小明准备购买的物品价格。

第 2 行开始的 n 行，使用空格分隔的两个整数，k_i 和 a_i 表示纸币的面额和张数。

第 n+2 行，共 m 个使用空格分隔的整数，表示小明准备购买的不同商店的商品价格。

【输出格式】

1 行，使用空格分隔的 m 个单词，单词 Yes 表示小明身上的纸币可以购买指定价格的物品，不会出现找零；单词 No 表示小明身上的纸币购买指定价格的物品会出现找零，或者是价格太高，无法购买。

【输入样例 1】

```
4 5
50 2
20 3
10 4
1 6
32 186 210 17 75
```

【输出样例 1】

```
Yes Yes No No Yes
```

【说明】

32=20+10+1+1，可以购买，不会出现找零。

186=50+50+20+20+20+10+10+1+1+1+1+1+1，可以购买，不会出现找零。

75=50+20+1+1+1+1+1，可以购买，不会出现找零。

210 不能购买，小明身上总共只有 206 元，无法购买。

17 必然产生找零。

参考文献

[1] 刘汝佳. 算法竞赛入门经典[M]. 北京：清华大学出版社. 2009.

[2] 陈颖，邱桂香，朱全民. 中学生计算机程序设计 入门篇[M]. 北京：科学出版社. 2016.

[3] 江涛，宋新波，朱全民. 中学生计算机程序设计 基础篇[M]. 北京：科学出版社. 2016.

[4] 汪楚奇. 深入浅出程序设计竞赛 基础篇[M]. 北京：高等教育出版社. 2020.